www.tredition.de

www.tredition.de

© 2019 Hans-Albrecht Zahn
Umschlaggestaltung: Hans-Albrecht Zahn
Lektorat: Anne Zahn

Verlag und Druck: tredition GmbH, Halenreie 40-44,
22359 Hamburg

ISBN
Paperback: 978-3-7469-4516-3
Hardcover: 978-3-7469-4517-0
e-Book: 978-3-7469-4518-7

RECHNEN
IN
BEWEGUNG

RECHENFÄHIGKEITEN ENTWICKELN –
RECHENPROBLEME (Dyskalkulie, Arithmaphobie) ÜBERWINDEN

mit über 350 Übungen

INHALT

EINSTIEG: 7

I GRUNDLAGEN 12

1.1 LOGISCHES DENKEN UND RECHNEN 12
1.2 ZAHLENVERSTÄNDNIS 15
1.21 DIE ZAHLEN ALS QUANTITÄTEN - ORDNUNGSFOLGE.....15
1.22 DIE ZAHLEN ALS QUALITÄTEN 17
1.23 DIE ZAHLEN ALS GEORDNETE MENGEN........................19
1.3 ZAHLEN, RECHNEN UND BEWEGUNG 20
1.31 MOTORISCHE BEWEGUNG 20
1.32 ZEICHNERISCH-BILDHAFTE BEWEGUNG..................21
1.33 DENKERISCHE BEWEGUNG 22
1.4 RECHENPROBLEME 23

2. DIE NATÜRLICHEN ZAHLEN 30

2.1 ZAHLEN ALS WESENSBILDER 30

2.2 ZAHLEN ALS ORDNUNGSFOLGEN..........................54
2.21 DAS ZAHLENREICH 54
2.22 EINMALEINS 74
2.23 Die Maße 106

2.3 ZAHLEN ALS MENGEN 117
2.31 HAUFENRECHNUNGEN UND RECHENARTEN.................117
2.31 RECHENARTEN 120
2.32 ADDITION..122
2.33 SUBTRAKTION..127
2.34 MULTIPLIKATION 133
2.35 DIVISION 136

2.4 SCHRIFTLICHES RECHNEN 152
2.41 ÜBUNGEN MIT FARBKARTONS 152
2.42 ADDITION..154
2.43 SUBTRAKTION 157
2.44 MULTIPLIKATION 160
2.45 DIVISION..164
2.46 INTERESSANTE SCHRIFTLICHE RECHENAUFGABEN:........168

3. DIE BRÜCHE 172
3.1 BRÜCHE IN BEWEGUNG 172
3.2 RECHNEN MIT BRÜCHEN (Rechenarten) 185
3.3 VERSCHIEDENE BRÜCHE 198
3.31 GEMISCHTE ZAHLEN 199
3.32 DEZIMALBRÜCHE..204
3.33 PROZENTZAHLEN UND PROZENTRECHNEN...................221

4. WEITERFÜHRENDE RECHENARTEN 228
4.1 NEGATIVE ZAHLEN (MINUSZAHLEN) 228
4.2 POTENZ- UND WURZELZAHLEN 239
4.3 KLAMMERRECHNUNG 249
4.4 ALLGEMEINE ZAHLEN - ALGEBRAZAHLEN 256

SCHLUSS:..264

Einstieg:

Denken und Rechnen ist eine grundlegende menschliche Fähigkeit, welche wir in allen Lebensbereichen brauchen. Beim Rechnen schulen wir unser Bewusstsein.

In allen Kulturen werden Denken, Logik und Verstand geschult. Es entstanden die verschiedensten **Denkübungen, Rätselspiele und mathematische Aufgaben**. Das **Schachspiel** oder Strategiespiele haben schon römische Soldaten gepflegt. Auch heute wird in Kreuzworträtseln, Silbenrätseln, Denksportaufgaben, Suchbildern oder Kombinationsrätseln Logik und Denken trainiert.

Ein Urbild rationalen Denkens ist das **Zählen und Rechnen**. **Die Zahlwahrnehmung** ist ein innerer Prozess, bei dem keine äußere Sinneswahrnehmung notwendig ist. Die Zahl „Drei" ist nirgends in der Außenwelt zu finden. „Drei" wird nicht dadurch erkannt, dass man drei Vögel, drei Schiffe, drei Flugzeuge oder drei andere Gegenstände sieht. Die Zahl „Drei" ist nicht in der Eigenschaft dieser Gegenstände verborgen. Sie wird auch nicht durch eine äußere visuelle oder auditive Wahrnehmung, sondern durch die **innere Wahrnehmung der eigenen Bewegungstätigkeit** erkannt. Der Mensch muss erkennen, dass er dreimal geschaut hat. Die eigene innere Bewegung gilt es zu erfassen.

Der Bewegungssinn ist die Basis des Zahlverständnisses und Rechnens. Wer rechnen lernen will, muss sich **selbst bewegen** und seine **eigenen Bewegungen bewusst** wahrnehmen. Das wird auch in der Geometrie deutlich. Ein **Kreis oder ein Dreieck** ist in erster Linie ein **innerer Bewegungsakt**. Die äußere visuelle Wahrnehmung ist nur Ausdruck der inneren Bewegungsform. Der äußerlich gezeichnete Kreis ist unter dem Elektronenmikroskop eine Buckelpiste mit vielen Ecken und Kanten. Den perfekten Kreis gibt es nur als inneres Ideal.

Auch die Rechenarten selbst (Addition, Subtraktion, Multiplikation und Division) sind eine Form der „inneren Bewegung". Der Rechnende ordnet und gliedert Mengen. Beim Rechnen handelt es sich um einen inneren Bewegungsprozess, der aber auch äußerlich konkret vollzogen werden muss.

Probleme beim Erlernen des Rechnens gibt es meistens dann, wenn die konkrete Bewegungsbasis zu schnell verlassen wird. Das kleine Kind nimmt seine Finger zum Zählen und Rechnen. Es macht sich die Zahlen in seinen eigenen Bewegungen bewusst. Viele Lehrer unterbinden dieses Fingerrechnen schnell, weil sie glauben, dass das abstrakte, intellektuelle Rechnen das eigentliche Ziel des Rechnens sei.

Wer Rechnen lernen oder Rechenprobleme lösen will, muss praktisch tätig werden. Es gilt mit Material zu rechnen, Zeichnungen und Bilder zu gestalten und rechnerische Anordnungen und Gliederungen zu vollziehen.

Nicht umsonst heißt der Untertitel dieser Arbeit „Rechnen in Bewegung". In über 350 praktischen Übungsaufgaben, welche in dieser Arbeit aufgeführt werden, kann ein Bewusstsein der Zahlen- und Rechenprozesse erworben werden.

Inhaltlich wird der mathematischen Stoff der Grund und Mittelstufe gehandelt. Es ist der Unterrichtsstoff, welcher in den Klassenstufen 1-8 erarbeitet wird. Es geht also um das Rechnen mit natürlichen Zahlen, Brüchen, Minus-, Potenz- und Wurzelzahlen sowie den algebraischen Zahlen.

In diesem Sinn hoffe ich, dass jeder, der das Rechnen lernen will, Freude in der Welt der Zahlen entwickeln kann. Ich wünsche auch denen, deren Rechenprozesse „blockiert" sind, dass sie wieder in Bewegung kommen. Kinder und Erwachsene, die sich für schwach und unbegabt im Rechnen halten, können wieder **Neugier und Spaß am Rechnen** gewinnen, wenn sie erst einmal merken, welch **wunderbare Geheimnisse in der Zahlenwelt verborgen** sind.

I.KAPITEL

GRUNDLAGEN

Logisches Denken
Zahlenverständnis
Zahlwahrnehmung
Rechenprobleme

I GRUNDLAGEN

1.1 LOGISCHES DENKEN UND RECHNEN

Wir bilden unser Bewusstsein, indem wir **Zusammenhänge** erfassen. Durch das Denken schaffen wir eine innere Ordnung und können uns auf der Welt orientieren. Mit dem Begriff „**Intelligenz**" wird die Fähigkeit des logischen Denkens zum Ausdruck gebracht. In Intelligenztests wird diese Eigenschaft „getestet." Dabei handelt es sich um **Aufgaben**, in denen bestimmte **logische Zusammenhänge** erkannt werden sollen. **Logische Aufgaben und Rätsel** wurden schon immer benutzt, um das Denken zu schulen. Bereits in der Antike gab es viele solcher Rätsel.

Beispiel „Rätsel vom Menschen":
Was läuft morgens auf vier Beinen, mittags auf zwei Beinen und abends auf drei Beinen?
Lösung: der Mensch; er krabbelt als Kind auf „vier Beinen", als Erwachsener geht er auf zwei Beinen, als alter Mensch braucht er noch einen Stock und geht auf drei Beinen.

Die ältesten Rätsel stammen ca. 2500 vor Christus. Die Ägypter formulierten bereits folgendes mathematische Rätsel.

Beispiel: Katzen-und Mäuse Rätsel.
Es gibt sieben Häuser, in jedem Haus wohnen sieben Katzen. Jede Katze fängt sieben Mäuse, von denen jede sieben Kornähren gefressen hat. In jeder Ähre sind sieben Samen. Nun soll die Anzahl der involvierten Objekte herausgefunden werden.
Lösung:

$7 + 7^2 + 7^3 + 7^4 + 7^5 = 19607$

Wie in der Einleitung erwähnt, geschieht die Entwicklung des logischen Denkens zunächst hauptsächlich über das **Tun**. Jede Alltagstätigkeit, sei es den Tisch decken, das Geschirr abtrocknen oder Feuer machen, basiert auf einer logischen Abfolge von Einzelschritten. Logische Zusammenhänge lassen sich auch rein in der Vorstellung trainieren. Welches kleine Kind spielt nicht gerne Memory oder versucht Rätsel zu lösen?

Auch für die Erwachsenen sind Rätsel eine gute Möglichkeit, Denken und Verstand **zu schulen**. Da gilt es Einzelheiten zu analysieren und wieder in einen neuen Zusammenhang zu stellen. Einige weitere Beispiele sollen hier genannt werden.

Beispiel: Wolf, Ziege und Kohlkopf
Ein Mann möchte zusammen mit einem Wolf, einer Ziege und einem Kohlkopf einen Fluss überqueren, doch das Boot kann außer ihm nur einen weiteren Passagier fassen. Er kann weder den Wolf mit der Ziege noch die Ziege mit dem Kohl unbeaufsichtigt am Ufer zurück lassen. Aufgabe ist es, einen Plan zu entwickeln, der diese Bedingungen einhält und mit möglichst wenigen Überfahrten auskommt.
Zur Lösung sollte der Mann zunächst mit der Ziege den Fluss überqueren, sie am anderen Ufer lassen und alleine zurückkehren. Anschließend fährt er den Wolf zur anderen Seite, lässt diesen dort und kehrt mit der Ziege zurück. Diese lässt er zurück und setzt mit dem Kohlkopf über und kehrt allein zurück. Schließlich bringt er die Ziege ein zweites Mal ans Zielufer, womit das Problem gelöst ist. Eine alternative Lö-

*sung ergibt sich, wenn Wolf und Kohl in der obigen Reihen-
folge ausgetauscht werden.*

Solche Aufgaben regen das logische Denken an und fordern
unseren Verstand heraus. Damit lassen sich auch die Grund-
fähigkeiten üben, welche wir zum Rechnen brauchen. Oft
geht es auch darum, **Denkfehler aufzudecken**. Dazu ist folgende Aufgabe geeignet:

Beispiel: Flasche Wein
*Drei Männer haben in einem Wirtshaus eine Flasche Wein
getrunken. Die Bedienung bringt eine Rechnung über 30 €.
Jeder Gast zahlt einen Zehner. Der Wirt sagt zur Bedienung,
die Flasche habe nur 25 € gekostet und sie möge den Gästen
die restlichen 5 € zurückgeben. Da diese aber zu faul zum
Rechnen ist, steckt sie 2 € als Trinkgeld ein, und gibt jedem
1 € zurück.*
*Nachdem jeder Gast 10 € gezahlt und dann einen1 € zu-
rückbekommen hat, zahlt also jeder effektiv nur 9 €. Das
macht 3 mal 9 ist 27 plus zwei Euro für die Bedienung als
Trinkgeld; das sind zusammen 29 €. Es fehlt also 1€. Wo ist
er geblieben?*

Für das Zahlenverständnis und das Rechnen braucht
jeder Mensch logisches Denken. Es gilt Einzelheiten zu dif-
ferenzieren und zu analysieren. Danach müssen die Ergebnisse wieder in einen neuen Zusammenhang gebracht werden.
Nicht umsonst wird die Mathematik in **allen Lebensbereichen** gebraucht. Mathematische Formeln und Algorithmen gibt es in allen Fachgebieten. In der **Naturwissen-
schaft** ist das den meisten Menschen klar. Jeder hat in der

Physik solche mathematischen Zusammenhänge gelernt. Wenn wir beim Autofahren die Geschwindigkeit auf dem Tacho ablesen, bedienen wir uns solcher Formeln. Wir setzen die zurückgelegte Strecke in Beziehung zur Zeit und sagen dann, wir fahren 100 km pro Stunde, also Geschwindigkeit = Strecke /Zeit oder V = S/t. Aber auch in der **Psychologie, Soziologie, Politik und Wirtschaft** werden Zusammenhänge über Zahlen und Funktionen dargestellt.

1.2 ZAHLENVERSTÄNDNIS

1.21 Die Zahlen als Quantitäten - Ordnungsfolge

Mit Hilfe der **Zahlen** wird in der Welt eine **quantitative Ordnung** hergestellt. Jedes Element **(jede Zahl)** hat in der Zahlenfolge einen **genauen Standort**. Es gibt einen **Anfang**, der mit der Zahl „Eins" beginnt und dann geordnet fortgeführt wird. Auch wird meist ein **vorläufiges Ende** gesetzt, indem z.B. eine Zahlenreihe bei 10, 100 oder bei 1000 endet. Jede Zahl hat in diesem System ihren genau festgelegten Platz.

Die Zahlenfolge ist dadurch bestimmt, dass mit der Zahl „Eins" begonnen wird und ein Nachfolger für sie bestimmt wird, nämlich die Zahl „Zwei. Die Zahl „Zwei" hat wiederum einen **Nachfolger**, nämlich die Zahl „Drei". Der **italienische Mathematiker Peano** hat Axiome in dieser Weise formuliert, in der die Welt der natürlichen Zahlen logisch festgelegt wird.

Beim **Zählen** wird diese Ordnungsfolge in Worte gefasst. Mit dem **Niederschreiben** der entsprechenden **Ziffern** erhält die Zahlenfolge eine **äußere Form**.

Beim Zählen genügt es nicht, nur die **sprachliche Zahlenfolge** zu sprechen. Es muss auch eine **Zuordnung zu den Gegenständen** getroffen werden, wenn die **Anzahl** einer Menge bestimmt werden soll. Wenn sich jemand verzählt, dann ordnet er Gegenstände und Zahlworte nicht richtig zu. Er verzählt sich. **Äußeres Sprechen und inneres Zuordnen der Gegenstände** müssen **synchron** ablaufen.

Anfangs lassen sich die Kinder oft vom **Strom der Zahlenfolge mitreißen.** Sie plappern die Zahlenfolge vor sich hin. Das Zählen muss aber noch bewusster und kontrollierter geschehen. Dazu ist es hilfreich auch **rückwärts zu zählen.** Die Kinder brauchen eine Orientierung in der Zahlenfolge. Es gilt sich den Anfangs- und Endpunkt einer Zahlenreihe, die Mitte, Nachbarzahlen usw. klar zu machen.

Eine weitere **Strukturierung der Zahlenwelt** kommt durch das **Einmaleins** zustande. Beim Zweiereinmaleins wird immer eine Zahl ausgelassen (… 2…4…6 usw.). Bei der Dreierreihe werden immer zwei Zahlen übersprungen (…3…6…9 usw.). Die Einmaleins Reihen sind eine besondere Art des Zählens. In der Zehnerreihe wiederholt sich das Zählen auf einer nächsten Ebene. Es erschließt sich dem Lernenden das Dezimalsystem, das einem den Überblick über die schier endlose Menge von Zahlen verschafft.

Auf diese Weise können auch **Gesetzmäßigkeiten der Zahlenwelt** erkannt werden. Es gibt Zahlen, die eine Fülle von Einmaleins Reihen in sich bergen. In der Zahl 60 ist die Einer- Zweier- Dreier- Vierer- Fünfer- Sechser- und Zehnerreihe enthalten ist, während die Zahl 59 bis auf die Zahl 1 in keiner Reihe enthalten ist (Primzahlen).

Die **Zahlenfolge** wird am besten gelernt, indem sie „**verleiblicht**" wird. Auf natürliche Weise geschieht dies, indem mit den Fingern gezählt wird oder auf die abzuzählenden Gegenstände gedeutet wird (Abzählen). Das **körperliche Bewegen und Sprechen** ist wichtig und kann verstärkt werden, indem beim Zählen gelaufen, gesprungen, gehüpft oder geworfen wird. Indem die Zahlenreihen und das Einmaleins „auswendig" gelernt werden, verbindet sich der Lernende „leibhaftig" mit der Zahlenstruktur.

1.22 Die Zahlen als Qualitäten

Die Zahlen sind einerseits sinnlichkeitsfrei, d.h. die sie werden nicht durch die Gegenstände, die gezählt werden, definiert, andererseits sind die Zahlen in gewisser Weise in **der sinnlichen Welt** verborgen. Es gibt Dinge in der Welt, die gibt es **nur einmal**. Das verdeutlicht sich auch in der Sprache. Das **Wort „Eins"** ist mit dem Wort **„einzig"**, **„einmalig"**, **„einzigartig"**, **„einig"** usw. verwandt. Mit der Zahl „Eins" ist das „Individuelle" und „Einzigartige" als Qualität verbunden. Das Wort **„zwei"** ist mit Begriffen wie **Zwist,** Zweifel usw. verwandt. Da taucht eine Qualität der **Spannung** und **Polarität** auf.

Insofern haben Zahlen nicht nur einen quantitativen sondern auch qualitativen Charakter. Die Qualität der Zahlen wird durch eine **meditative Betrachtung** erfasst.

Diese Art der Zahlenbetrachtung wurde in früheren Kulturen und auch im Mittelalter intensiv gepflegt. Es handelte sich um die geistigen Grundlagen der Zahlen.

Ernst Bindel hat diesen Aspekt in einem Buch beschrieben.[1] Es trägt den Untertitel „Die Zahl im Spiegel der Kulturen – Elemente einer spirituellen Geometrie und

---

[1] Ernst Bindel Die geistigen Grundlagen der Zahlen, Verlag Freies Geistesleben, Neue Auflage August 2003

Arithmetik". Diese Art der Zahlenbetrachtung regt den Geist des Menschen auf eine ganz andere Weise an. Es taucht eine Stimmung des fragenden Staunens auf, das für alles initiative und eigenständige Lernen Voraussetzung ist. Jeder kann sich durch meditative, empfindende Betrachtungen, Geschichten, Ausdrucksbewegungen, imaginative Bildern usw. diesen Aspekt der Zahlen erarbeiten.

1.23 Die Zahlen als geordnete Mengen

Schließlich sind Zahlen auch Mengen. Sie sind ganzheitliche Gliederungsstrukturen, die es zu erfassen gilt. Das wird in den **Grundrechenarten** (Addieren, Subtrahieren, Multiplizieren und Dividieren) deutlich. Verschiedene Mengen lassen sich in sehr unterschiedlicher Art zusammenfassen oder auseinander gliedern. In der Waldorfpädagogik spricht man von **Haufenrechnungen**.

Beispielsweise können 12 Elemente in verschiedene Haufen geteilt werden. Da sind zwei Haufen von 6 + 6, oder von 7 + 5 oder 8 + 4 usw. möglich.
Systematisch ergeben sich für die additive Gliederung der Zahl 12 folgende Möglichkeiten.

12 = 1 + 11
12 = 2 + 10
12 = 3 + 9
12 = 4 + 8
12 = 5 + 7
12 = 6 + 6
12 = 7 + 5
12 = 8 + 4
12 = 9 + 3
12 = 10 + 2
12 = 11 + 1

Das ist ein ganzheitliches Vorgehen, in dem der Überblick über das Ganze im Vordergrund steht. Natürlich lässt sich auch „nicht ganzheitlich" vorgehen. Dann werden isoliert irgendwelche Additionsaufgaben erfunden, z.B.:

2+3 = 5
4+5 = 9
2 + 10 = 12
3+11 = 14
usw.

Eine strukturelle Erkenntnis über mathematische Zusammenhänge wird dadurch nicht erworben. Das gilt für alle Rechenarten. Auch beim Subtrahieren, Multiplizieren und Dividieren kann „ganzheitlich" oder „einzelheitlich" vorgegangen werden.

1.3 ZAHLEN, RECHNEN UND BEWEGUNG

R. Steiner weist darauf hin, dass der Zahlbegriff auf den inneren Leibessinnen, besonders dem sog. **Eigenbewegungssinn**, beruht. Deshalb gilt es sich zu bewegen und seine eigenen Bewegungen wahrzunehmen.

Wenn zu schnell mit festen Rechenformeln und Algorithmen gearbeitet wird, besteht die Gefahr, dass das lebendige Rechnen darunter leidet. Die motorische, bildhafte und zeichnerische Bewegung sind Basis des Rechenverständnisses.

1.31 Motorische Bewegung

Bewegung ist auch die Voraussetzung der Bewusstseins- und Sprachentwicklung. Diese setzt erst richtig ein, wenn die motorische Entwicklung bis zu einem gewissen Grad entwickelt ist. Erst wenn das kleine Kind greifen, krabbeln, robben kriechen und laufen kann, kommt die Sprachentwicklung voll in Gang. Auf den Zusammenhang von motorischer Entwicklung und Denkvermögen haben russische Psychologen schon zu Beginn des letzten Jahrhundert hingewiesen, als sie feststellten, dass Kinder, welche mit ihren Ammen Fingerspiele gemacht hatten, später höhere Intelligenzleistungen zeigten als eine Vergleichsgruppe ohne Fingerspiele. Geschicklichkeit in der äußeren motorischen Bewegung fördert auch die Geschicklichkeit im Denken.

Schon im Kindergartenalter laufen rechnerischen Bewegungen ab. Das Zählen selbst ist ein Bewegungsakt. Da werden Ostereier, Autos, Menschen, Steine, Bauklötze und was sich sonst alles in der Umwelt des Kindes befindet, gezählt.

In den ersten Schuljahren ist es sinnvoll mit konkreten Gegenständen beim Zählen und Rechnen zu arbeiten. Dazu gibt es verschiedenes Material wie Knetwachs, Kastanien, Spielfiguren, Zahlen- und Punktetafeln, Steckwürfel, den Abakus usw. Auch mit großen Zahlen lassen sich sämtliche Rechenoperationen, (Additionen, Subtraktionen, Multiplikationen und Divisionen) praktisch manuell durchführen.

1.32 Zeichnerisch-bildhafte Bewegung

Beim Zeichnen werden feine, innere Bewegungsprozessen vollzogen. Umgekehrt regen die äußeren Formen aber auch die Regsamkeit der inneren Vorstellungen an. Der Lernende braucht äußere Zeichnungen und Bilder, um die inneren Vorstellungen zu entwickeln.

Natürliche Zahlen, Brüche, Dezimalbrüche und Dreisatzrechnungen lassen sich auch zeichnerisch-bildhaft darstellen. Oft bleibt dieser bildhafte Ansatz auf eine Einführungsstunde beschränkt, in welcher z.B. beim Bruchrechen ein Kuchen in Viertel, Fünftel oder Sechstel aufgeteilt wird. Aber schon in der nächsten Rechenstunde hat es der Schüler nur noch mit abstrakten Zeichen über die Bruchzahlen zu tun. Der zeichnerisch-bildhafte Aspekt des Rechnens ist für das ganzheitliche Wahrnehmen ein wesentlicher Faktor. In der Geometrie wird das Zeichnen selbstverständlich zur Darstellung mathematischer Zusammenhänge verwendet. Das Zeichnen einer Parabel bringt dem Lernenden den mathematischen Zusammenhang näher als die abstrakte Formel $f(x) = x^2$.

In der angewandten Mathematik werden physikalische, chemische, geographische oder soziale Zusammenhänge oft in zeichnerisch bildhafter Form dargestellt. Das ergibt immer ein tieferes, menschliches Verhältnis zu den sachlichen Zusammenhängen als die rein abstrakte Formel.

1.33 Denkerische Bewegung

Die denkerische Bewegung ist die feinste Form der Bewegung. Da werden nur noch **Vorstellungen und Gedanken** bewegt. Die Analysis und Funktionslehre ist ein Bewegen von gedanklichen Vorstellungen. Da wird gegliedert, analysiert und zusammengefasst und dabei nur noch mathematische Symbole verwendet.

In einer X-Gleichung werden eine oder mehrere Unbekannte in Zusammenhang mit verschiedenen Zahlen gebracht. Die verschiedensten Zusammenhänge lassen sich symbolhaft mit Formeln beschreiben. Beispielsweise lässt sich die Fläche eines Raumes als $F = L * B$ (Fläche ist Länge mal Breite) oder die Geschwindigkeit eines Fahrzeugs $V = s/t$

(Geschwindigkeit ist der Weg geteilt durch die Zeit) usw. mit solchen Formeln berechnen.

Solche symbolhaften Ausdrücke sind das Ergebnis gedanklicher Bewegungen, aber nicht ihr Ausgangspunkt.

1.4 RECHENPROBLEME
(Rechenschwäche, Dyskalkulie, Arithmaphobie)

Zu Rechenproblemen kommt es, wenn solche innere Bewegungen und Zusammenhänge nicht ergriffen werden können. Manchmal hat ein „rechenschwaches" Kind noch kein Gespür für **Größe, Anzahl und Anordnung einer Menge** entwickelt. Zwar kann es meist die Reihenfolge der Zahlennamen auswendig aufsagen, aber die innere Zuordnung fehlt. Es versteht noch nicht, dass jede Zahl ihren genauen Platz im **Verhältnis** zu den anderen Zahlen hat. So ist es sich unsicher, ob 13 mehr oder weniger als 16 ist und wie die Zahlenfolge angeordnet ist. Diese Kinder verzählen sich auch oft, wenn es gilt, eine Menge zu bestimmen.

Wenn die Zahlvorstellung fehlt, ist weder Addieren, noch Subtrahieren, Multiplizieren oder Dividieren möglich. Solche Probleme werden dann schnell als **Dyskalkulie oder isolierte Rechenstörung** bezeichnet.
In dem ICD Katalog der Weltgesundheitsorganisation, in dem alle Krankheiten aufgelistet sind, wird die Rechenstörung unter der Nummer F 81.2 aufgelistet. Dort heißt es:

„Diese Störung besteht in einer umschriebenen Beeinträchtigung von Rechenfertigkeiten, die nicht allein durch eine allgemeine Intelligenzminderung oder unangemessene Beschulung erklärbar ist. Das Defizit betrifft vor allem die Be-

herrschung grundlegender Rechenfertigkeiten, wie Addition, Subtraktion, Multiplikation und Division, weniger die höheren mathematischen Fähigkeiten, die für Algebra, Trigonometrie, Geometrie, oder Differential- und Integralrechnung benötigt werden.

Inclusiv:
Entwicklungsbedingtes Gerstmannsyndrom
Entwicklungsstörung des Rechnens
Entwicklungsalkalkulie

Exclusiv:
Alkalkulie o.n.A.
Kombinierte Störung schulischer Fähigkeiten
Rechenschwierigkeiten, hauptsächlich durch inadäquaten Unterricht"[2]

Die Basis pathologischer Diagnosen sind Krankheitsdiagnosen, welche auf den ICD Kriterien beruhen. Im Gesundheitswesen, der Schulbürokratie und den Jugendämtern wird auf dieser Grundlage „Dyskalkulie" mit Hilfe psychologischer Tests diagnostiziert und erfasst. Dazu wird ein **normierter Rechentest und ein Intelligenztest** durchgeführt. Ein entsprechender statistischer Unterschied zwischen den beiden Testergebnissen ist Grundlage für die Diagnose „Dyskalkulie". **Andere Gründe** wie mangelnde Beschulung oder psychiatrische Erkrankungen müssen dabei **ausgeschlossen** werden.

---

[2] www.icdcode.de/icd/code/F81.2html

Die eigentlichen rechnerischen Probleme werden dabei von einer **psychischen Dynamik** überlagert. Die Misserfolge im Rechnen machen das Kind auch innerlich unsicher. Dazu kommen noch **Abwertungen, Verspottung und Hänseleien** der Kameraden. Das **Selbstvertrauen** geht verloren. Es ist verständlich, dass das Kind den ganzen unangenehmen Rechenbereich **meiden** will, mutlos wird und **Angst** hat. Ein psychologischer Teufelskreis im Sinne eines „Ich kann's nicht – ich meide das – ich tu es nicht – ich kann's umso weniger" entsteht.

Wenn **Angst, Verzweiflung und Mutlosigkeit** beim Rechnen im Vordergrund steht, wird von **„Arithmaphobie"** gesprochen. Auch für diese Diagnose gibt es psychologische Testverfahren. Arithmaphobie wird als psychiatrische Krankheit angesehen, für die sich in erster Linie Psychiater und Psychotherapeuten zuständig fühlen.

Bei einer „anerkannten Dyskalkulie" bezahlen die Jugendämter einen Rechentherapeuten. Dieser ist meist ein speziell ausgebildeter Diplompsychologe, Heilpädagoge oder Jugendpsychotherapeut.

Wenn Rechenschwierigkeiten als **Krankheit**en angesehen werden, bedeutet das für die unmittelbar Beteiligten zunächst einmal eine **Erleichterung**. Sie **befreit** Kind, Eltern und Lehrer aus einer **Überforderungssituation.** Meist haben die Beteiligten einander die Schuld an der Misere zugewiesen. Dem Lehrer wird der Vorwurf gemacht, dass er unfähig ist, dem Kind das Rechnen ordentlich beizubringen. Die Eltern leiden unter dem Vorwurf, dass sie sich nicht genug um das Kind kümmern und es besser fördern müssten. Das Kind lebt mit dem unbewussten Vorwurf, dass es zu dumm oder zu faul sei. Durch die Krankheitszuschreibung wird diese Dynamik beendet. Der **Teufelskreis von Überforderung,**

Demotivation, Abwertung und Schuldzuschreibung wird gestoppt.

Der Nachteil der Pathologisierung ist allerdings, dass Kind, Eltern und Lehrer nun glauben, dass die Behandlung von Dyskalkulie und Arithmaphobie in erster Linie eine Sache von Ärzten und Therapeuten sei. Die Eigeninitiative der unmittelbar Beteiligten wird zurückgefahren. Selbst das Kind tendiert dazu, auf die richtige „Behandlung seiner Krankheit" zu warten.

Der Aufbau und die Entwicklung der Rechenfähigkeiten ist aber in erster Linie eine Sache von Kind, Lehrern und Erziehern. Das Lernen kann dem Kind niemand abnehmen und das Lehren und Begleiten bleibt nach wie vor Angelegenheit von Lehrern und Eltern.

Mit den Übungen in dieser Arbeit wollen wir dazu beitragen, dass der grundsätzliche Lernprozess gelingen kann. Wenn wieder Neugier und Freude an den Zahlen und am Rechnen entsteht, verschwindet nicht nur die „Dyskalkulie", sondern auch die Rechenangst (Arithmaphobie).

II.KAPITEL

DIE NATÜRLICHEN ZAHLEN

ZAHLEN

Das Zahlenreich

2.1 ZAHLEN ALS WESENHEITEN

Die Qualität der Zahlen

2. DIE NATÜRLICHEN ZAHLEN

2.1 ZAHLEN ALS WESENSBILDER

(Zahlqualitäten)

Zahlen haben **Eigenschaften**, die durch eine **meditative Betrachtung** gefunden werden können. Der Blick richtet sich auf die **„Qualität" von Quantitäten**. Es geht um die **Wesenheit der Zahlen**, nicht nur um ihre Größe und Funktion. Die Welt ist von **Zahlengeheimnissen** durchdrungen. In den alten spirituell-religiösen Kulturen spielte der qualitative Aspekt der Zahlen eine große Rolle.

Im ersten Rechenunterricht kann der Lehrer sich mit den Kindern die Frage stellen: **Was gibt es nur einmal auf der Welt?"** Es werden lauter Dinge genannt, die nicht vergleichbar, einmalig oder einzig sind. Auf diese Weise können die Kinder erleben, dass das **„Einmalige"** eine Qualität der Zahl „Eins" ist. Danach kann der Lehrer die Frage stellen: **„Welche Dinge tauchen in der Welt gerne zu zweit auf?"** Dann werden „Zweiheiten" oder „Polaritäten" genannt (z.B. Vater und Mutter, Tag und Nacht, Himmel und Erde usw.). Eine solche Betrachtung lässt sich für alle möglichen Zahlen durchführen. Bei der Zahl 12 tauchen vielleicht die 12 Monate, 12 Sternbilder, 12 Jünger Jesus auf. Auch große Zahlen wurden in der Geschichte mit bestimmten Qualitäten belegt, z.B. die Zahl 40, die Zahl 72 oder die Zahl 666 usw.

Für die Kinder ist ein solches Vorgehen am Anfang des Rechenunterrichtes aus verschiedenen Gründen vorteilhaft. Es wird dadurch ein „Wesensbezug zu den Zahlen" hergestellt. Durch Geschichten, Zahlenbilder und Ausdrucksbewegungen lässt sich der qualitative Aspekt der Zahlen lebendig machen. Wenn es dann noch gelingt, die Gestalt der Ziffern in eine Beziehung zu ihrer Qualität zu bringen, wird eine tiefe innere Gefühlsbeziehung zu den Zahlen angeregt. Einige Anregungen zu einer solchen Wesensbetrachtung der ersten zehn Zahlen sollen hier angeführt werden.

DIE EINS ALS EINMALIGE GANZHEIT

Übung 1:
Suche lauter Dinge die es nur einmal auf der Erde gibt (Einheiten) und zeichne sie!

Die Eins – Zahl der Einheit:

Es werden nun **Einmaligkeiten** gesucht. Ein Kind antwortet vielleicht auf die Frage, was es nur einmal auf der Welt gibt, „mich". Der Lehrer kann das bestätigen. „Richtig"! Jeder Mensch ist einmalig. Er ist eine **Individualität**. Einmalig ist aber auch die **Erde, die Sonne, die Welt.**

Gewisse Formen drücken eine einheitliche in sich geschlossene Qualität aus, z.B. **ein Kreis** oder ein **Punkt.** Jeder kann versuchen weiter in Bildern, Geschichten oder Bewegungsgesten die Qualität des Einmaligen, Unteilbaren und Einheitliche in der Welt zu finden. Mancher spricht vielleicht von der Erschaffung der Welt oder der Einheit des menschlichen Leibes usw.

DIE EINS

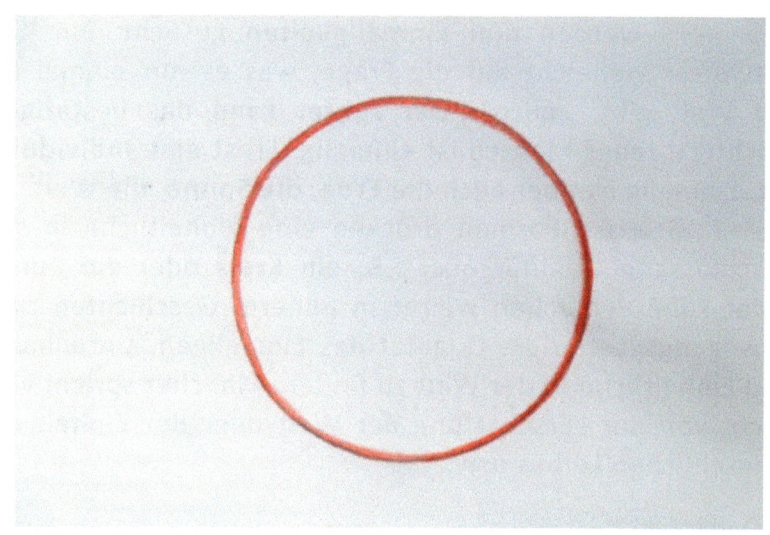

Diese Qualität können die Schüler durch Zeichnungen und Bilder darstellen.

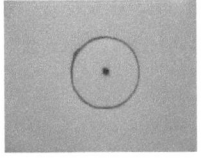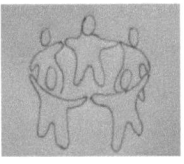

Die gefühlsmäßige Anbindung zu den Zahlqualitäten wird verstärkt, wenn die Ziffer 1 aus einer solchen Qualitätsbetrachtung entwickelt wird. Vielleicht erzählt der Lehrer etwas von dem „Einmaligen„ der menschlichen Individualität, zeichnet eine Person und entwickelt dann aus dieser Zeichnung die Ziffer „1" als Zeichen oder Symbol für diese Qualität der „EINS".

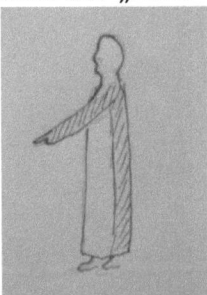

Auf die sprachlichen Wendungen wie **„ein**malig" **„ein**zig" **„ein**zigartig", usw. wird der Lehrer hinweisen.

DIE ZWEI ALS ZAHL DER POLARITÄT UND SPANNUNG

Übung 2: Suche immer zwei Dinge, die zusammengehören (Zweiheiten) und zeichne sie!

Bei der Zahl „Zwei" werden **Zweiheiten** gesucht, die zusammengehören.

Dabei tauchen hauptsächlich polare Begriffe auf, wie **Himmel und Erde, Mann und Frau, Hell und Dunkel, Schwarz und Weiß, Oben und Unten, Rechts und Links, Vorne und Hinten**, usw.

Weitere Beispiele sind Nord und Südpol oder auch die Pole der magnetischen und elektrischen Spannung. Als zeichnerische Form ist das **Yin und Yang Symbol**, eine **Lemniskate** oder eine **Gerade mit zwei Enden** eine mögliche Ausdrucksform.

DIE ZWEI

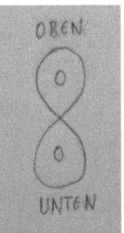
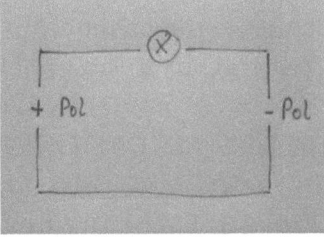

Ein Bewegungsausdruck für eine „Zweiheit" kann eine **kämpferische Haltung** oder **zwei Gruppen, die sich polar** gegenüberstehen, dienen.

In Geschichten wird nach polaren und spannungsgeladenen Motiven gesucht, z.B. die Geschichte vom Sündenfall, die Vertreibung aus dem Paradies und der Schwertengel, der vom Himmel zur Erde niederfährt.

Auch für die Zahl „Zwei" kann die Ziffer „2" aus einer solchen Qualitätsbetrachtung entwickelt werden, indem beispielsweise von der Polarität von Himmel und Erde ausgegangen wird.

In einer sprachlich begrifflichen Betrachtung können die Schüler typischen Ausdrücke wie „Zwist", „Zweifach", „Zweifel" usw. suchen.

DIE DREI ALS DREIEINIGKEIT

Übung 3: Suche Dreiheiten und zeichne sie!

Die Drei – Eine neue Einheit:
Dreiheiten in der Welt sind z.B. das Motiv von **Vater – Mutter - Kind,**
Kopf – Brust - Glieder,
Körper – Seele - Geist,
Denken – Fühlen - Wollen, usw.
Aus dem Religiösen bietet sich die Dreieinigkeit Gottes als **Vater, Sohn und Heiliger Geist** an.

DIE DREI

In der Mythologie und den Märchen wimmelt es nur von Dreiheiten:
Einäuglein, Zweiäuglein und Dreiäuglein,
die drei Männchen im Walde,
die heiligen drei Könige oder
die **drei Affen** aus dem japanischen Kulturkreis.
Die **Raumeskoordinaten**, die es einem ermöglichen, die räumliche Welt darzustellen und die in der Stereometrie benutzt werden, sind ein symbolträchtiges Bild für die Qualität der Dreiheit. Mit der „Drei" ist es möglich, die stabile Welt des Raumes zum Ausdruck zu bringen. Ein Stuhl steht erst mit drei Beinen fest auf der Erde.
Als zeichnerische Form ist das **Dreieck** der Repräsentant der Dreiheit. In der religiösen Symbolik wird das Auge Gottes in dieser Symbolik dargestellt.

Die Kinder können versuchen, einen körperlichen Bewegungsausdruck zu gestalten, in der Qualitäten der Dreiheit erscheinen.

Im Erstrechenunterricht lassen sich ebenfalls Phantasiebilder finden, die die Ziffer „3" aus einem solchen Qualitätszusammenhang heraus entwickelt.

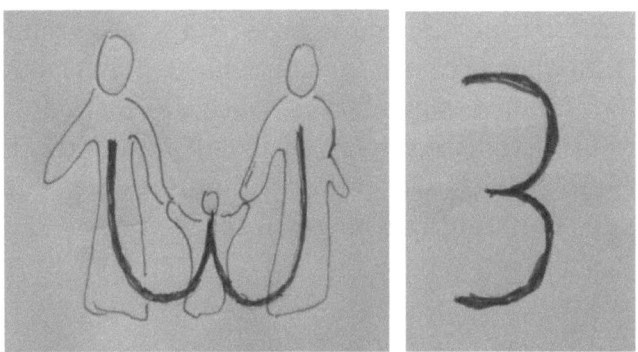

DIE VIER ALS ZAHL DES IRDISCHEN

Übung 4: Wo können wir die Zahl „Vier" in der Welt erleben?

Die Zahl „Vier" finden wir in den Himmelsrichtungen, bei den Vierbeinern, bei einem vierbeiniger Tisch oder Stuhl, im Viereck, im Salzkristall oder im Kreuz.

In der Mediation solcher „Vierheiten" lässt sich etwas von dem Wesens der „Vier" erahnen.

In der Windrose kommt die Qualität der **„irdischen Orientierung"** zum Ausdruck. Die vierbeinigen Tiere sind in ganz besonderer Weise **„auf die Erde hin"** ausgerichtet. Der Tisch, Stuhl oder Schrank, welcher vier Bein hat, drückt eine Form der **„Standfestigkeit"** aus. Auch das Salz, das sich als Viereck auskristallisiert, hat „irdischen" Charakter. Sogar im spirituellen Bereich wird mit dem Kreuz auf die Erdenorientierung des Christentums hingewiesen.

DIE VIER

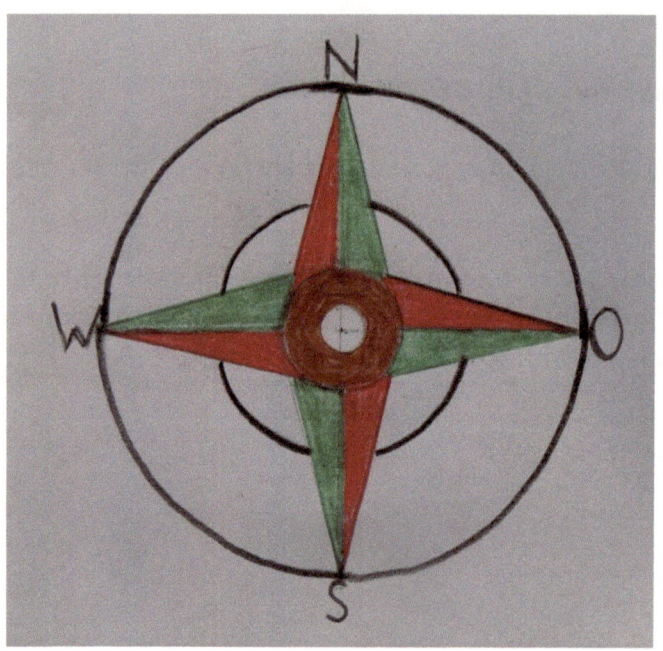

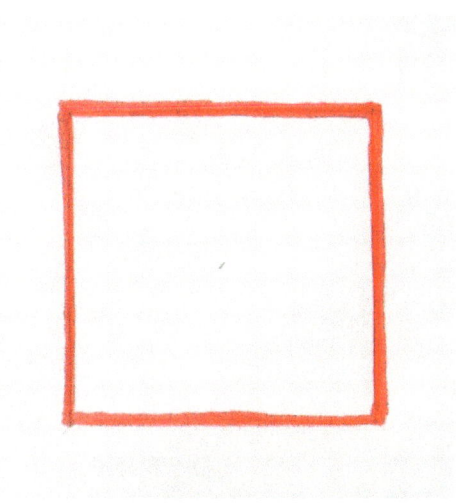

DIE FÜNF ALS ZAHL DES MENSCHEN

Übung 5: Bei welchen Dingen und Wesen fällt Dir die „Fünf" auf?

Die Zahl „Fünf" findet sich beispielsweise im vitruvianischen Menschen von Leonardo da Vinci, an den fünf Finger einer Hand, dem Pentagramm (Fünfstern) oder dem Fünfeck.

In allen Rosengewächsen ist die Zahl „Fünf" verborgen. Die Blüten bestehen aus fünf Blütenblättern. Im Kerngehäuse des Apfels wird die „Fünf" gut sichtbar, wenn die Frucht mit einem Messer quer durchgeschnitten wird. Das Apfelgehäuse erscheint als wunderschöner Fünfstern.

Das Pentagramm hat ebenfalls eine Form, die auf der Fünf basiert. Im Fengshui System wird mit fünf Elementen gearbeitet.

Aristoteles unterscheidet fünf Sinne des Menschen. Im Islam beten die Gläubigen fünfmal am Tag. Im Christentum werden die fünf Wundmale des Christus genannt, welche Gegenstand der Andacht sind, usw.

 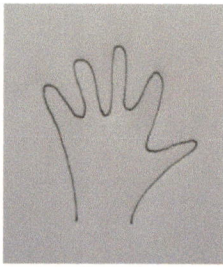

DIE FÜNF

DIE SECHS - MITTLERZAHL ZWISCHEN KOSMOS UND ERDE

Übung 6: Welche Dinge und Wesen findest du, in der die Zahl „Sechs" eine besondere Rolle spielt?

Die „**Sechs**" zeigt sich z.B. in der Bienenwabe oder den sechs Beinen der Biene.

Den Sechsstern findet man in einigen Religionen als Symbol. Als Davidstern ist er ein Symbol des Judentums und taucht in der israelischen Flagge auf.

DIE SECHS

DIE SIEBEN ALS ZAHL DER ZEIT UND ENTWICKLUNG

Übung 7: Suche die Zahl „Sieben" in der Welt?

Die Zahl „Sieben" findet sich in zeitlichen Entwicklungen, wie z.B. in den sieben Tage der Woche (Montag, Dienstag, Mittwoch, Donnerstag, Freitag, Samstag, Sonntag). In den Entwicklungsphasen des Menschen werden gerne Siebenerschritte verwendet: die frühe Kindheit bis zur Einschulung mit sieben Jahren, die mittlere Kindheit bis zur Pubertät mit 14 Jahren, das Jugendalter bis zur endgültigen Volljährigkeit mit 21 Jahren, usw.

Im Juden und Christentum taucht der siebenarmige Leuchter auf. In bestimmten spirituellen Strömungen werden sieben Chakren unterschieden. Im Märchen gibt es die sieben Zwergen oder die sieben Schwaben.

DIE SIEBEN

DIE ACHTHEIT - ACHT SPEICHEN DES GLÜCKSRADES

Übung 8: Wo findest Du die Zahl „Acht" in der Welt?

In der Windrose können auch acht **Himmelsrichtungen** be-
schrieben werden.
Im Buddhismus der achtfache Weg.
In der chinesischen Kultur die **acht Speichen des Glücksra-
des**.
Gewisse Insekten wie die Spinnen haben **acht Beine**.
Im Achteck und Achtstern erscheint die „acht" in geometri-
scher Form.

DIE ACHT

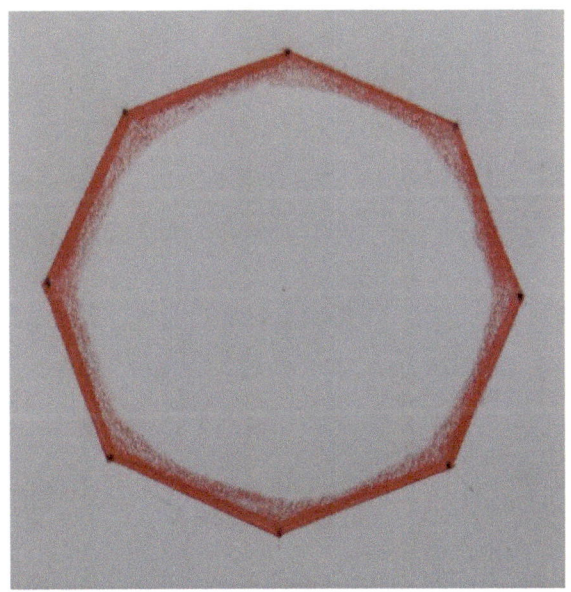

DIE NEUNHEIT ZAHL DER KOSMISCHEN ENTWICKLUNG
Übung 9: Wo ist die Zahl „Neun" in typischer Weise vertreten?

Die Zahl „neun" erscheint auch im spirituellen Zusammenhang als Anzahl der Wesensglieder oder im Zusammenhang mit Entwicklungszyklen. Die neun Monate Schwangerschaft mögen als Beispiel in diese Richtung dienen. Beim Kegeln wird mit „allen Neunen" das Spiel gewonnen.

DIE NEUN

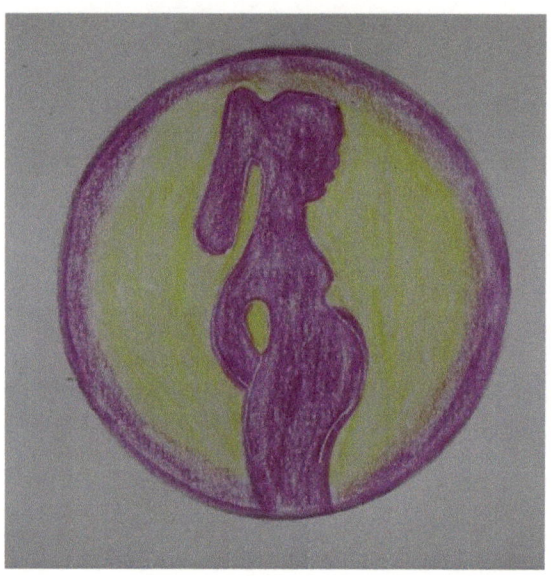

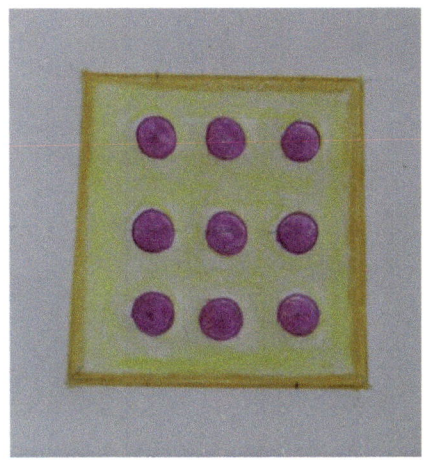

In einigen spirituellen Richtungen wird die Zahl „Neun" oft mit Weisheit und Besinnung verbunden.

DIE ZEHN ALS ZAHL DER ERDE

Übung 10: Wo findet sich die Zahl „Zehn" in typischer Weise?

Am bekanntesten sind die zehn Finger der Hand oder die zehn Zehen an den Füßen; in der Mathematik und Arithmetik erschient die „zehn" als Zahl der äußeren Ordnung; in der Bibel wird mit den „zehn Geboten" auf die Notwendigkeit einer inneren Ordnung hingewiesen.

DIE ZAHL ZEHN

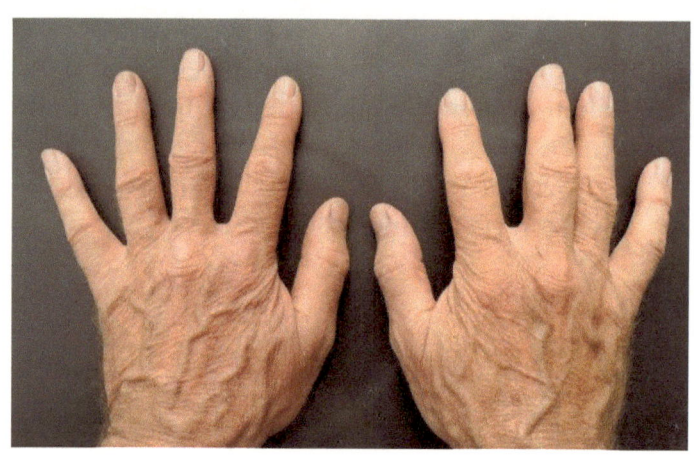

Solche Zahlenbetrachtungen können beliebig fortgesetzt werden. Beispielsweise ist die Zahl Zwölf in der Geschichte mit den verschiedensten Qualitäten verbunden. Man hat die zwölf Apostel, zwölf Sternbilder, zwölf Ritter der Tafelrunde, usw.

Sogar als Maßsystem spielte die Zwölf eine Rolle. Auch heute wird noch von einem Dutzend gesprochen.

Für die Einführung der Zahlen mag es genügen zunächst einmal solche Betrachtungen bis zur Zahl Zehn zu führen.

Zum Kennenlernen der Zahlenwelt in der ersten Klasse ist es sinnvoll die geheimnisvolle Stimmung, welche sich aus einer Wesensbetrachtung der Zahlen ergibt, auf zugreifen. In der Waldorfpädagogik wird dies den Lehrern auch empfohlen. Aus einer solchen Arbeit mit den Erstklässlern ist beispielsweise folgendes kleines Gedicht entstanden.

DIE ZAHLEN

Die Eins ist einzig und allein
Nur sie kann uns ein Ganzes sein.

Die Zwei zerfällt schon gibt es Zwist
was das für eine Spannung ist.

Wenn "Drei" uns dann die Heilung bringt
Dreieinigkeit die Welt durchdringt.

Die Vier in Ost, West, Süd und Nord
Zeigt uns auf Erden jeden Ort.

Fünf Finger hat der Mensch fürwahr
und fünffach strahlt sein Stern so klar.

Die Harmonie der Bienenwabe
zeigt uns der Sechs besondere Gabe.

Die Sieben führ uns durch die Zeit
und mahnt uns an die Ewigkeit.

Manch Tierlein hat der Beine acht
es zeigt der Spinnkunst große Pracht.

Die Neun, sie bleibt dem Menschen treu
in ihr da findet er sich neu.

Durch die Welt führt uns die Zehn
An zehn Geboten kannst du's sehn.

Hans-Albrecht Zahn

ZAHLEN ALS ORDNUNGS- FOLGEN

DAS ZAHLENREICH

Zählen und Zahlfolgen
Zahlenbilder

2.2 ZAHLEN ALS ORDNUNGSFOLGEN

2.21 Das Zahlenreich
2.211 ZÄHLEN UND ZAHLFOLGEN

Die Grundlage jeder Orientierung und Ordnung ist das **Wahrnehmen von Anfang, Ende und Mitte eines Prozesses.** Dies ist auch beim Erlernen der Zahlen der Fall. Hier ist eine genaue **Ordnungsfolge** vorgegeben, in der es einen **Anfang, Nachfolger, Vorgänger, Abstände und auch ein vorläufiges Ende** gibt.

Zählen lernen bedeutet diese Ordnungsfolge zu lernen. Kleine Kinder haben ihre Freude am Zählen und lassen sich von dem fortlaufenden Strom der Zählworte dahin treiben. Das Gefühl, dass das immer weitergeht, ruft manchmal eine richtige Euphorie hervor. Während alle anderen Worte der Sprache je nach Situation wechseln, bleibt die Folge der Zahlworte immer gleich.

Der erste Schritt beim Zählen Lernen besteht darin, die Wortfolge der Zahlen zu sprechen. Die Ordnungsstruktur der Zahlenfolge gilt es als Ganzes sicher zu erfassen. Dazu dienen folgende Übungen.

Übung 11: Zahlenreihe vorwärts sprechen
1 2 3 4 5 6 7 8 9 10

Übung 12: Zahlenreihe rückwärts sprechen
Beim Rückwärtszählen versucht man den Zählprozess wieder zu seinem Ursprung zurückverfolgen. Dabei wird der Anfangs- und Endpunkt des Zählens klar.

10 9 8 7 6 5 4 3 2 1

Übung 13: Zahlenreihe aufbauend – abbauend sprechen

1 2 2 1   1 2 3 3 2 1   1 2 3 4 4 3 2 1   1 2 3 4 5 5 4 3 2 1 usw.

Übung 14: Zahlenreihe von „Außen nach Innen" sprechen

Nun kann sich das Kind weitere Orientierungspunkte klar machen, z.B. das erste, letzte und mittlere Elemente der Zahlenreihe oder das zweite und vorletzte Element, usw. Auf diese Weise erfährt es eine differenzierte Ordnungsstruktur.

(10)   1   9   2   8   3   7   4   6   (5)

Übung 15: Zahlenreihe von „Innen nach Außen" sprechen:
(5)   4   6   3   7   2   8   1   9   (10)

Zählen heißt nicht nur die Zahlworte der Reihenfolge nach zu sprechen sondern die Anzahl einer Menge diesen Zahlworten zu zuordnen. Da der Zahlbegriff auf der Wahrnehmung der eigenen Bewegungen fundiert, ist es sinnvoll das Zählen auch durch eigene Bewegungen zu begleiten. Das machen normalerweise Kinder auf natürliche Weise, indem sie beim Zählen ihre Finger benutzen oder im Laufen, Hüpfen und Werfen die Zahlenreihe sprechen. Das Zählen wird synchron mit bestimmten Bewegungen vollzogen.

Übung 16: Finger zählen

Werden kleine Kinder nach ihrem Alter gefragt, nehmen sie gerne die Finger und zeigen ihr Alter durch eine entsprechende Anzahl gestreckter Finger an. Das Zählen und Rechnen mit den Fingern ist eine zentrale Methode sich mit dem Zahlensystem (Zehnersystem) zu verbinden.

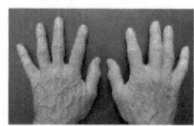

Dies beschränkt sich nicht nur auf die ersten zehn Zahlen. Das Fingerzählen kann der Schüler auch noch später bei der Eroberung des weiteren Zahlenraumes verwenden. Er kann die Finger eines Partners hinzunehmen, so dass er schon bis 20 rechnen kann. Weitere Hände (Finger) anderer Menschen kann er in der Vorstellung dazu nehmen oder sie zeichnen.

Übung 17 : Geh- und Laufzählen
Bei jedem Schritt kann gezählt werden. Zählend wird gelaufen, getippelt, gestampft, die Treppen hinauf und hinunter laufen, usw.

Übung 18: Hüpf- und Springzählen
Bei jedem Sprung wird nun gezählt. Die verschiedensten Arten zu springen, werden von den Kindern gerne genutzt: auf einem Bein hüpfen, auf beiden Beinen hüpfen, auf dem Trampolinhüpfen, Seilspringen mit selbst geschwungenem Seil, Seilspringen, indem zwei Partner das Seil schwingen.

Übung 19: Klatschzählen
Es wird gezählt und bei jeder gesprochenen Zahl geklatscht.

Übung 20 : Werf- und Fangzählen

Bei jedem Wurf mit einem Ball, den der Schüler in die Höhe wirft und wieder fängt wird eine Zahl genannt und gesprochen.
Wurf und Fangübungen lassen sich als Partnerübungen noch interessanter gestalten. Bei jedem Wurf zu einem Partner, wird die nächste Zahl der Zahlenfolge genannt.

Dabei sind die verschiedensten Wurfgeräte geeignet.

Medizinball
Stoffball
Tennisball
Hartgummiball
Reifen
Keulen

Übung 21: Jonglierzählen

Die Geschicklichkeit beim Werfen und Fangen lässt sich erhöhen, wenn die Würfe beim Jonglieren gezählt werden. Die verschiedensten Jonglagen mit zwei, drei oder vier Bällen, mit Wurfreifen und Keulen sind dabei möglich.

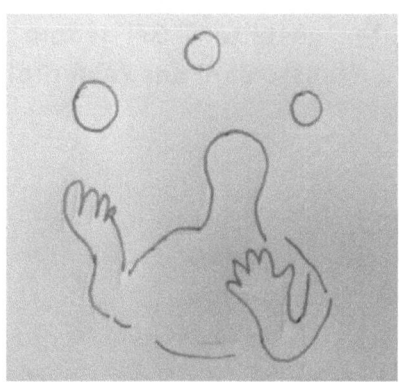

Übung 22: Artistisches Zählen

Alle Geschicklichkeitsübungen sind geeignet das motorische und Zählgeschick zu steigern. Manche Kinder nutzen dabei Rollen, Überschläge oder gar Saltos.

Übung 23: Tast- und Berührungszählen
Der Zahlbegriff basiert auf der Wahrnehmung der eigenen Bewegung. Das kann weiter vertieft werden durch Berührungen. Ein Kind klopft dem anderen eine bestimmte Zahl auf den Rücken. Dieses muss die Anzahl wahrnehmen und benennen.

Übung 24: Hör und Klangzählen

In manchen dörflichen Gegenden sind die Bewohner ge-
wohnt, die Uhrenschläge der Kirchturmglocke zu zählen. Je
mehr Sinne beim Erfassen einer Anzahl genutzt werden umso sicherer wird der Zahlbegriff verinnerlicht.
Gut geeignet sind dabei auch rhythmische und musikalische
Instrumente, wie

Rasseln
Trommeln
Klangstäbe
Triangeln usw. .

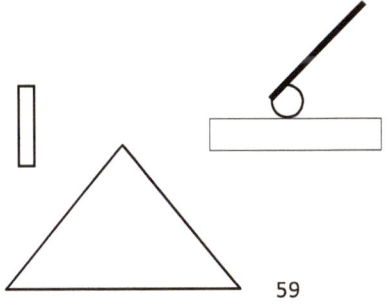

In diesem Zusammenhang sei erwähnt, dass nicht umsonst viele Mathematiker auch gute Musiker sind oder zu mindestens Spaß an der Musik haben.

Übung 25 : Zählen und Seheindrücke
Je mehr Sinneseindrücken mit den Zahlen verbunden werden, umso tiefer wird die Zahl verankert. Es ist auch möglich Lichteffekte, wie z.b. das Aufleuchten einer Taschenlampe oder eines anderen Lichteindruckes mit dem Zählprozess zu verbinden.

Übung 26: Seheindrücke (Lichteffekte Taschenlampe)

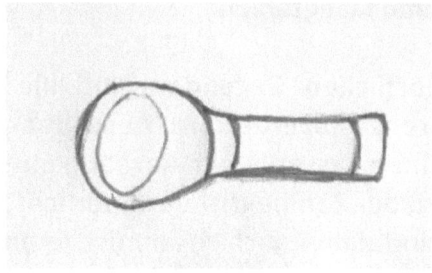

Übung 27: Abzählen - Gegenstände zählen

Die klassische Form des Zählens besteht darin, bestimmte Gegenstände, Wesen und Ereignisse in der Außenwelt **abzuzählen**. Beim Zählen von Gegenständen oder Ereignisse wird höchste Aufmerksamkeit benötigt. Es genügt nicht die Zahlenfolge nur auswendig zu lernen, sondern die Gegenstände müssen der Zahlenfolge genau zugeordnet werden. Ein **ernsthaftes Problem** beim Erfassen des Zahlenreiches ergibt sich, wenn **diese Zuordnung nicht richtig vorgenommen wird.** Der Lernende verzählt sich. Er ist sozusagen innerlich nicht voll bei dem, was man äußerlich tut. Das ist ein originäres Aufmerksamkeitsproblem. Da helfen nur elementare **Präsenz- und Aufmerksamkeitsübungen.**

Das Urbild des Zählens ist ein „Deuteakt" auf einen Gegenstand, bei dem dieser Bewegungsakt selbst innerlich bewusst wahrgenommen werden muss.

Alle äußeren Gegenstände sind als Übungsmaterial geeignet. Das Gefühl des Entstehens der Zahlen aus einer Ganzheit, wird besonders gefördert, wenn beispielsweise aus einem Klumpen Knetmasse oder Lehm einzelne Elemente geformt und dann gezählt werden.

Wir nennen hier einige Gegenstände die beim Zählen und Rechnen gut genutzt werden können.

Knetwachs und Knetwachskügelchen
Steinchen
Kugeln
Perlen
Kastanien
usw.

Übung 28: Bilder von Gegenständen zählen

In vielen Schul- und Übungsbüchern werden verschiedenste Gegenstände bildhaft dargestellt. Diese sind ebenfalls oft ein gutes Material für Zählübungen. Oft sind aber auch ganz normale Bilderbücher, in denen Schafe Blumen Wolken usw. dargestellt sind, zum Zählen geeignet.

2.212 GRAFISCHE ÜBUNGEN UND GLIEDERUNGEN

Im Umgang mit Mengen ist es nötig, sich eine ganzheitliche Anschauung von Anzahlen zu verschaffen. Ein Gefühl für die Größe einer Anzahl kann durch Schätzübungen erworben werden.

Übung 29: Schätzen von Mengen

Alle möglichen Gegenstände lassen sich schätzen: Bohnen in einem Gläschen, eine Anzahl von Kirschen in einem Glas, eine Menge von Kartoffeln in einem Korb, eine Menschenansammlung in einem Raum usw.

Das Schätzen von Mengen kann verfeinert werden, indem eine Anzahl von Gegenständen unter einem Tuch liegen. Das Tuch wird dann kurz aufgedeckt, sodass nicht gezählt, sondern nur geschätzt werden kann.

So wird mit der Zeit ein immer sichereres Gefühl für die Größe einer Menge gewonnen.

Das bildhafte Erfassen von größeren Mengen

Auf einen Blick lassen sich meist nicht mehr als etwa 5 Elemente simultan erfassen. Um größere Anzahlen visuell zu erfassen, nimmt man Gliederungen und Bündelungen vor. Diese Menge lässt sich schnell exakt erfassen, weil sie entsprechend gegliedert wurde. Die Hundert wird schnell als zweimal fünf Zehnerkästen erkannt.

Ähnlich wird bei der Anzahl von Tausend, Zehntausend, usw. vorgegangen. Auf diese Weise wird ein schneller visueller Überblick über das dezimale Zahlensystem gewonnen.

```
O O O O O   O O O O O
O O O O O   O O O O O

O O O O O   O O O O O
O O O O O   O O O O O

O O O O O   O O O O O
O O O O O   O O O O O

O O O O O   O O O O O
O O O O O   O O O O O

O O O O O   O O O O O
O O O O O   O O O O O
```

Die Generation, welche in den 50-er, 60 –er und 70- er Jahren des letzten Jahrhunderts in die Schule gegangen ist, hat viel mit solchen Schautafeln gearbeitet, in denen die Zahlen als Punkte geordnet waren. Das half durchaus eine Zahlvorstellung zu entwickeln.

Solche Zahlanordnungen sind auch heute für den Erwerb einer visuellen Ordnung des Zahlenreiches geeignet.

Zehneranordnung in Punktform

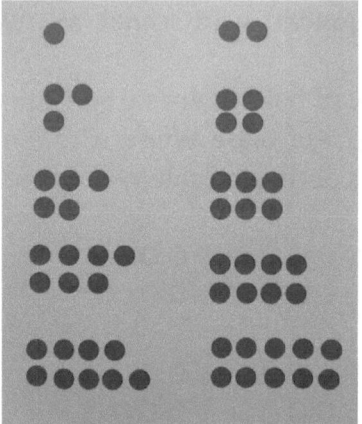

Hunderteranordnung in Punktform

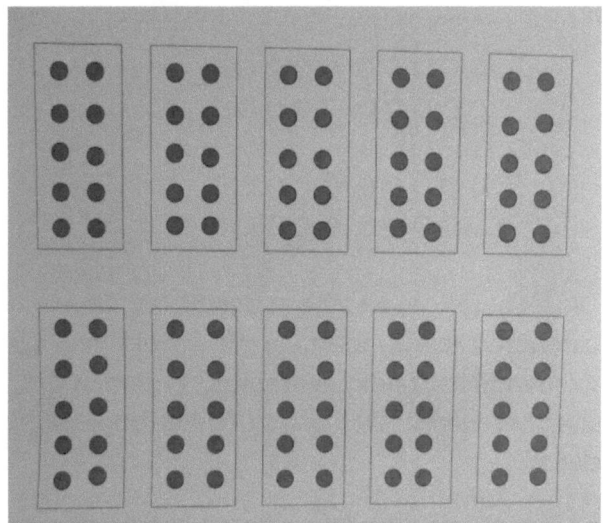

Tausenderanordnung in Punktform

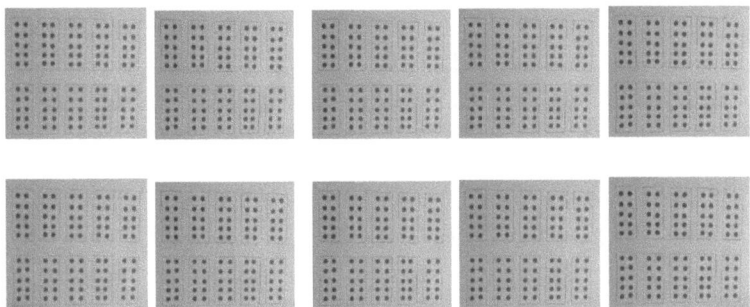

Bei der Darstellung von Zahlen mit Fingern kann das Kind einen ähnlichen anschaulichen Eindruck des Zahlbegriffes erhalten.

Zehneranordnung in Fingerform

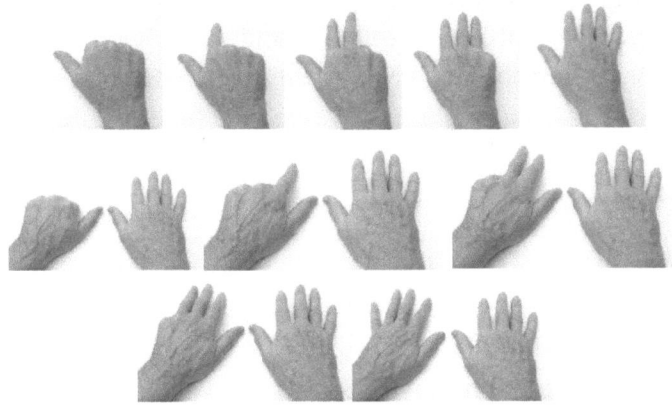

Hunderteranordnung in Fingerform

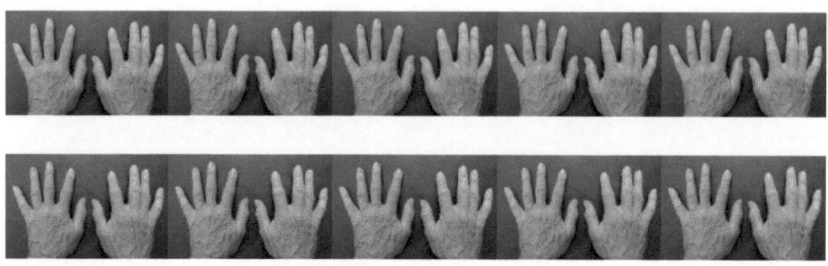

Die Zahl 100 können als Finger von zehn Personen konkret in die Anschauung gebracht werden.

Es gibt verschiedene mögliche Zahlensysteme wie das Zwölferzahlensystem alter Kulturen bis hin zum binären Zahlensystem der modernen Technologie. Das übliche Zehner- Zahlensystems ist insofern gut geeignet, weil es leiblich mit den zehn Fingern im Menschen verankert ist.

Für die Zahlenvorstellung und das Rechnen wurden schon immer verschiedene Materialien verwendet.

Abakus:

Der Abakus ist eines der ältesten bekannten Rechenhilfsmittel. Er taucht bereist um das Jahr 2500 v.Chr. bei den Sumerern auf und wurde bei den Babyloniern übernommen und ins Dezimalsystem übertragen. Im Mittelalter war er weit verbreitet. Er wird manchmal heute noch in Asien als preiswerte Rechenmaschine in kleinen Geschäften verwendet.

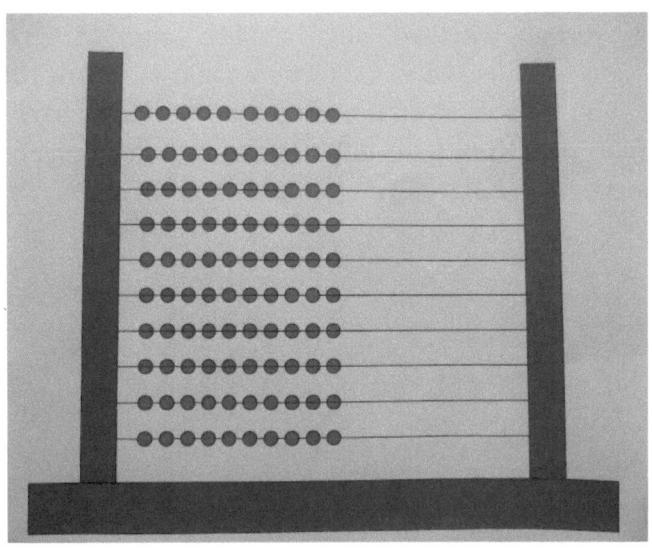

Steckwürfel

Sehr praktisch für die Darstellung von Zahlen und Rechenoperationen sind Steckwürfel aus Plastik. Man kann die einzelnen Würfel zu Zehnerstangen, diese zu 100-er Platten und diese wiederum zu einem 1000-er Würfel zusammensetzen.

  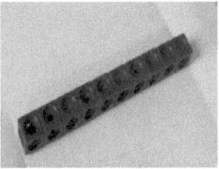 

Rechensäckchen

Rechenmaterial lässt sich auch selbst herstellen, wenn einzelne Elemente wie Kugeln oder kleine Steinchen in Behältnissen zusammengefasst werden, die evtl. noch farblich unterschieden werden. Dann sind beispielsweise 10 blaue Kugeln in einem roten Zehnersäckchen enthalten. In einem gelben Hundertersäckchen sind dann 10 rote Säckchen und in einem grünen Tausendersäckchen sind zehn gelbe Hundertersäckchen enthalten.

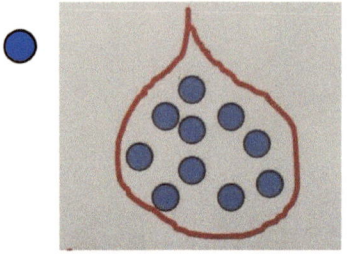

Farbkartons

Das gleiche System kann mit entsprechenden Farbkartons hergestellt werden. Zehn blaue Punkte sind auf einem roten Zehnerrechteck gezeichnet. Zehn Zehnerrechtecke sind auf einem gelben Hunderterkarton zu sehen, usw.

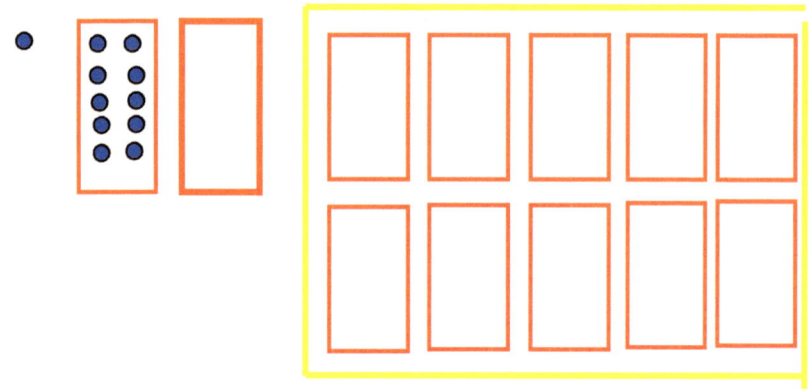

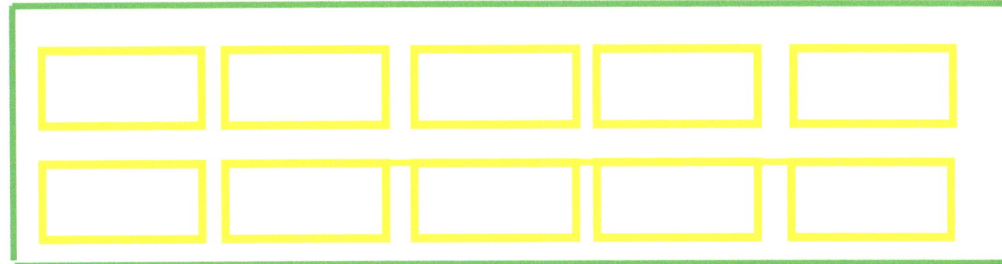

Die Zahl 2151 würde mit Farbkartons so aussehen:

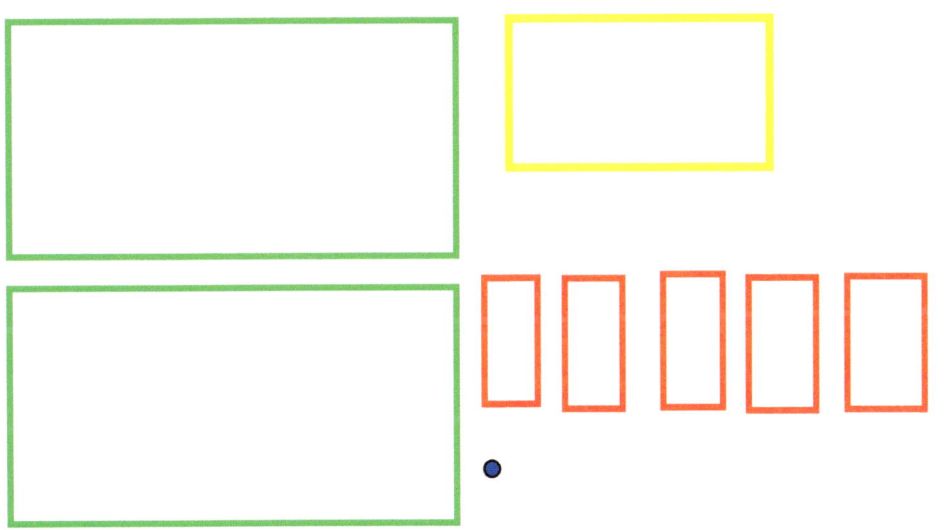

Übung 30:Darstellung von größeren Zahlen mit Rechenmaterial

Stelle folgende Zahlen mit Rechenmaterial (Punktanordnung, Steckwürfeln, Rechenrahmen, Farbkartons oder Zahlensäckchen) dar:

253

531

699

735

899

123

555

987

usw.

Schriftliche Zahlenordnungen

Indem die Zahlen in geordneter Weise in eine Tabelle geschrieben werden, ergeben sich ebenso Strukturen, welche einem helfen können bildhafte Vorstellungen über die Zahlen und ihre Gesetzmäßigkeiten zu erhalten.

In der unten stehenden Anordnung zeigt sich, dass sich die Einerzahlen in jeder waagrechten Reihe aufsteigend wiederholen. In jeder senkrechten Spalte wiederholen sich die gleichen Ziffern als Zehneranordnung ebenfalls.

Solch eine Anordnung sollten die Schüler ruhig selbst auf ein großes Papier schreiben, um sich mit den Zahlenstrukturen zu verbinden.

1	2	3	4	5	6	7	8	9	10
11	12	13	14	15	16	17	18	19	20
21	22	23	24	25	26	27	28	29	30
31	32	33	34	35	36	37	38	39	40
41	42	43	44	45	46	47	48	49	50
51	52	53	54	55	56	57	58	59	60
61	62	63	64	65	66	67	68	69	70
71	72	73	74	75	76	77	78	79	80
81	82	83	84	85	86	87	88	89	90
91	92	93	94	95	96	97	98	99	100

Solche Anordnungen, besonders mit den Zahlen der Einmaleins Reihen, sind für das ein ganzheitliches Verständnis des Zahlenreiches sehr hilfreich.

EINMALEINS

Rhythmen und Bewegungen
Einmaleins Bilder
Einmaleins Strukturen

2.22 Einmaleins

Die Beherrschung des Einmaleins ist für ein ganzheitliches Verständnis des Zahlenreiches wichtig. Ein sicheres Gefühl über den Standort einer Zahl wird erst erworben, wenn der Zusammenhang mit dem gesamten Zahlensystem erkannt wird. Zu einer vollständigen Zahlvorstellung gehört die Wahrnehmung des Beziehungsgeflechtes, in dem jede Zahl beheimatet ist.

Der Erwerb des Einmaleins ist für viele Kinder eine Hürde. Das Einmaleins muss innerlich erworben werden. Im Deutschen gibt es den Ausdruck „auswendig" lernen. Besser wäre es zu sagen: Es gilt das Einmaleins „inwendig" lernen. Ähnlich wie die Zahlenreihe werden die Einmaleins Reihen durch Sprechen, Bewegen und bildhafte Übungen erworben.

2.221 Rhythmen und Bewegungen

Der Zahlbegriff beruht auf der Wahrnehmung des Eigenbewegungssinnes. Auch das Einmaleins muss „bewegt" werden. Alle Übungen und Bewegungen, die wir beim Zählen aufgeführt haben, werden auch zum Erlernen des Einmaleins gebraucht. Jede Reihe muss gehüpft, gesprungen, geworfen usw. werden. Das Einmaleins ist eine Form des **rhythmischen Sprechens,** bei dem bestimmte Zahlen im Focus stehen.

Übung 31: Rhythmisches Zählen

Der Anfang besteht in einem rhythmischen Zählen. Man zählt dann 1 2 3 4 5 6 7 8 9 10 11 12 13 14 15 16 17 18 19 20 und spricht beispielsweise nur jede zweite Zahl laut, die anderen leise. Auf diese Weise wird die Zweier Reihe sichtbar. Das rhythmische Zählen kann bewegungsmäßig gestaltet werden, indem z.B. die normalen Zahlen nur gesprochen und die Einmaleins Zahlen geklatscht werden.

Übung 32: KLatschzählen

1	2	3	4	5	6	7	8	9	10
1	klatsch	3	klatsch	5	klatsch	7	klatsch	9	klatsch

Übung 33: Hüpfzählen – Zweierreihe

Intensiviert wird dieser Prozess, indem der Schüler, statt bei der Einmaleins Zahl zu klatschen, hüpft oder springt.

Zweierreihe

1 2 3 4 5 6 7 8 9 10 11
  2   4   6   8   10
12 13 14 15 16 17 18 19 20
12   14   16   18   20

Übung 34: Rhythmisches Zählen Dreierreihe

1 2 3 4 5 6 7 8 9 10 11 12 13 14 15
    3   6   9   12   15
16 17 18 19 20 21 22 23 24 25 26 27 28 29 30
      18   21   24   27   30

Arbeite ebenso:

Übung 35: Rhythmisches Zählen Viererreihe
Übung 36: Rhythmisches Zählen Fünferreihe
Übung 37: Rhythmisches Zählen Sechserreihe
Übung 38: Rhythmisches Zählen Siebenerreihe

Übung 39: Rhythmisches Zählen Achterreihe
Übung 40: Rhythmisches Zählen Neunerreihe
Übung 41: Rhythmisches Zählen Zehnerreihe

Einmaleins Reihen können auch „tänzerisch bewegt" werden. Je nach Einmaleins Reihe ist ein Zweier-, Dreier- oder Vierer- Rhythmus nötig, der durch einen entsprechenden Text unterstützt wird.

Übung: 42: Tanzen der Zweierreihe

Die Gruppe steht im Kreis und gestaltet einen Rhythmus. Bei der Zweier Reihe hüpfen die Kinder einen Zweier Rhythmus und sprechen oder singen folgenden Text.

Her- **bei** (kurz lang)
Die **Zwei**
Macht **frei**
Ju-**hei**

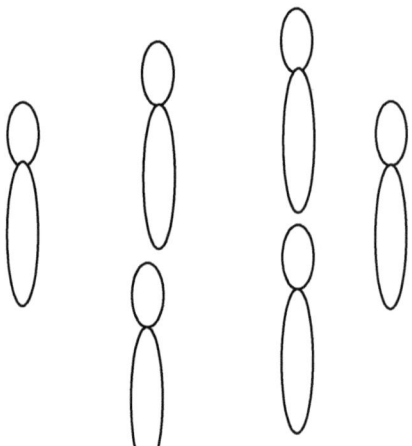

Eins -**Zwei**
Drei - **Vier**
usw.

Übung 43: Tanzen der Dreierreihe

Der Dreier Rhythmus klingt etwas anders.

Kommt her- **bei** (kurz kurz lang)
zu der **Drei**
Ei- ner -**lei**
Wer es **sei**

Eins zwei - **drei**
vier fünf - **sechs**
usw.

Übung 44: Tanzen der Viererreihe

Jetzt kommt die **Vier** (kurz kurz kurz lang)
Die Zahl vom **Tier**
Wer ist schon **hier**
springt wie der **Stier**.
Eins zwei drei - **vier**
fünf sechs sieben **acht**
usw..

Übung 45: Tanzen der Fünferreihe

Schau doch nur die **Fünf** (kurz kurz kurz kurz lang)
Tan- zen wir mit **Strümpf**
A- ber auch mit **Schuh**
Geht es lus -tig **zu**.
Eins zwei drei vier - **fünf**
sechs sieben acht neun **zehn,** usw..

Übung 46: Tanzen der Sechserreihe
Wie oben!

Wer kann denn schon die **Sechs**
Das ist die Zahl der **Hex**
Die tanzen wir mit **Mut**
ja seht es geht schon **gut.**
Eins zwei drei vier fünf - **sechs**
sieben acht neun zehn elf **zwölf**
usw..

Übung 47: Tanzen der Siebenerreihe

Das ist uns-ser Sieb-ner-**tanz**
Seht nur her, wer kanns, wer **kanns**
Vor-ne hin-ten da und **dort**
Im-mer an 'nem an-dern **Ort.**
Eins zwei drei vier fünf sechs - **sieben**
acht neun zehn elf zwölf dreizehn **vierzehn**
usw..

Übung 48: Zweierreihe vorwärts sprechen
2 4 6 8 10 12 14 16 18 20

Übung 49: Zweierreihe rückwärts sprechen

Beim Rückwärtszählen wird der Zählprozess wieder zu seinem
Ursprung zurückverfolgt. Der Schüler macht sich den Anfangs-
und Endpunkt des Zählens klar.

20 18 16 14 12 10 8 6 4 2

Übung 50: Zweierreihe aufbauend – abbauend sprechen

2 4 4 2   2 4 6 6 4 2   2 4 6 8 8 6 4 2 2 4 6 8 10 10 8 6 4 2
usw.

Übung 51: Zweierreihe von „Außen nach Innen" sprechen

(20)   2   18   4   16   6   14   8   12

Übung 52: Zweierreihe von „Innen nach Außen" sprechen

(10)   12   8   14 6 16   4   18   2 (20)

Übung 53: Dreierreihe in allen Variationen sprechen
Übung 54: Viererreihe in allen Variationen sprechen
Übung 55: Fünferreihe in allen Variationen sprechen
Übung 56: Sechserreihe in allen Variationen sprechen
Übung 57: Siebenerreihe in allen Variationen sprechen
Übung 58: Achterreihe in allen Variationen sprechen
Übung 59: Neunerreihe in allen Variationen sprechen
Einmaleins Bewegungen

Alle Bewegungen, die wir beim Zählen angewendet haben, können auch bei den Einmaleins Reihen verwendet werden.

Übung 60: Geh- und Laufzählen

Bei jedem Schritt wird eine Einmaleins Zahl gesprochen. Der Schüler kann dabei laufen, tippeln, stampfen, Treppen hinauf und hinunter laufen, usw.

Übung 61: Hüpf- und Springzählen

Während die Einmaleins Zahlen gesprochen werden, werden verschiedene Arten des Springens angewendet: auf einem Bein hüpfen, auf beiden Beinen hüpfen, auf dem Trampolinhüpfen, Seilspringen mit selbst geschwungenem Seil, Seilspringen, indem zwei Partner das Seil schwingen usw.

Übung 62 Klatschzählen

Während die Einmaleins Zahl gesprochen wird, wird dazu geklatscht.

Übung 63: Werf- und Fangzählen

Die Einmaleins Reihen werden beim Werfen oder Fangen gesprochen. Wurf und Fangübungen lassen sich als Partnerübungen noch interessanter gestalten. Dabei sind die verschiedensten Wurfgeräte geeignet, wie z.B. Stoffball, Tennisball, Hartgummiball, Medizinball, Reifen, Keulen usw.

Übung 64: Jonglierzählen

Die körperliche und mentale Geschicklichkeit lässt sich weiter vertiefen, indem das Sprechen der Einmaleins Reihen mit dem Jonglieren verbunden wird. Die verschiedensten „Jonglagen" mit zwei, drei oder vier Bällen, mit Wurfreifen und Keulen sind dabei möglich.

Übung 65: Artistisches Zählen

Alle möglichen Geschicklichkeitsübungen sind geeignet das motorische und Zählgeschick zu steigern. Manche Kinder nutzen dabei Rollen, Überschläge oder gar Saltos.

Übung 66: Fuß- und Sprungbewegungen

Verschiedene Fuß- und Sprungbewegungen, wie z.b. das Balancieren oder „Pedalo"- Fahren sind zum Üben geeignet.

Übung 67: Rhythmische Instrumente

Während die Einmaleins Reihe gesprochen wird, wird das Sprechen mit rhythmischen Instrumenten, wie Rasseln, Kling Stäbe, Triangeln usw. begleitet.

Übung 68: Ganzkörperbewegungen
Bei jeder Einmaleins Zahl wird eine Kniebeuge oder eine Liegestütze usw. gemacht

Übung 69: Sinneseindrücke
Höreindrücke (Klänge, Geräusche), Seheindrücke (Lichteffekte), Tasteindrücke usw. lassen sich ebenso mit dem Sprechen der Einmaleins Reihen verbinden.

Übung 70: Gruppen: Aufstehen - Setzen

Eine weitere Variante des Übens kann durch den Einsatz verschiedener Gruppen vollzogen werden.

Jede Gruppe ist für eine Einmaleins Reihe verantwortlich, z.B. Gruppe 1 für die Dreierreihe, Gruppe 2 für die Viererreihe und Gruppe 3 für die Fünferreihe.

Es wird die Zahlenreihe gezählt. Jedes Mal wenn eine Zahl der eigenen Reihe dran ist, steht die Gruppe auf, wenn sie nicht dran ist, nimmt sie wieder Platz. Bei der Zahl 3 steht die Gruppe 1, bei der Zahl 4 die Gruppe 2, bei der Zahl 5 die Gruppe 3. Bei der Zahl 12 stehen z.b. die 3- er und die 4- er Gruppe auf. Bei der Zahl 20 stehen die 4-er und die 5-er Gruppe usw. Bei der Zahl 60 stehen alle drei Gruppen, usw. Dabei wird nicht nur ein motorischer, sondern auch einen visuellen Eindruck der Einmaleins Strukturen gewonnen.

	Gruppe 1:		Gruppe 2:			Gruppe 3:
1	2					
	3					
			4			
						5
	6	7	**8**			
	9					**10**
11	**12**		**12**	13	14	**15**
	15		**16**	17		
	18	19	**20**			**20**
	usw.					

Übung 71: Gruppen – Ball werfen-Ball halten

Ein ähnliches Bild ergibt sich, wenn jede Gruppe mit Bällen ausgerüstet ist und wieder für bestimmte Einmaleins Zahlen verantwortlich ist. Es wird gezählt. Bei der Zahl 1, wirft niemand, bei der Zahl 2 auch nicht, bei der Zahl 3 die Dreiergruppe, bei der Zahl 4 die Vierergruppe , bei der Zahl 5 die Fünfergruppe, bei der Zahl 6 wieder die Dreiergruppe, bei der Zahl 7 niemand, bei der Zahl 8 die Vierergruppe, usw. Bei der Zahl 12 werfen Dreier und Vierergruppe zusammen, während die Fünfergruppe ihren Ball unten hält usw.

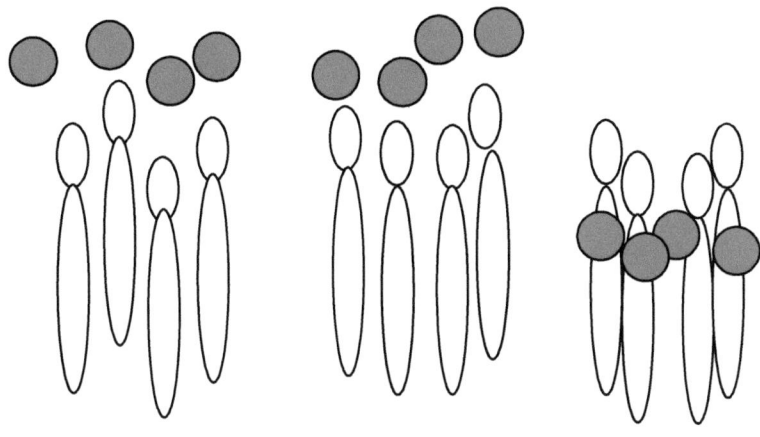

Übung 72: Gruppen - Kniebeugen

In ähnlicher Weise kann jede Gruppe mit bestimmten Körperbewegungen reagieren, z.B. Kniebeugen, Klatschen usw.

2.222 Einmaleins Bilder

Neben dem bewegungsmäßig rhythmischen Zugang zu den Einmaleins Reihen ist auch ein bildhafter Zugang hilfreich. Zunächst lassen sich Einmaleins Aufgaben durch verschiedene Graphiken darstellen. Die Zweier Reihe lässt sich z.B. durch Paare darstellen.

Gegenständliche Einmaleinsbilder

ZWEIERREIHE – PAARE – INDIVIDUEN

Übung 73: Zeichne einige Einmaleins Aufgaben der Zweierreihe

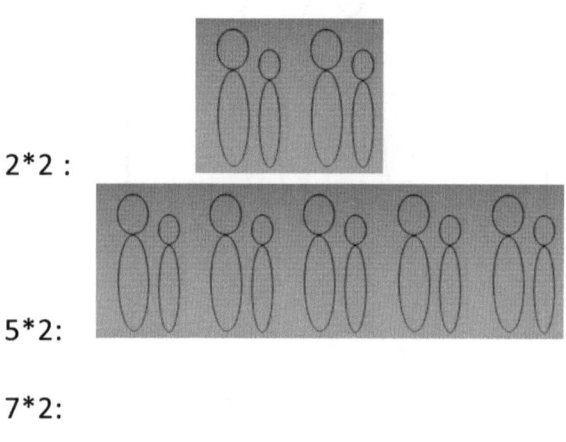

2*2 :

5*2:

7*2:

10*2:

DREIERREIHE – MELKHOCKER – 3 STUHLBEINE

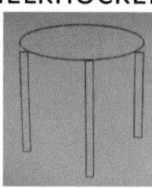

Übung 74: Zeichne einige Einmaleins Aufgaben der Dreierreihe

3*3:

5*3:

7*3:

VIERERREIHE – TISCH – 4 TISCHBEINE

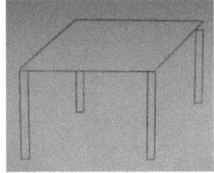

Übung 75: Zeichne einige Einmaleins Aufgaben der Viererreihe

2*4:

3*4:

6*4:

FÜNFERREIHE – 5 ZACKEN EINES FÜNFERSTERNS

Übung 76: Zeichne einige Einmaleins Aufgaben der Fünferreihe

2*5:

4*5:

5*5:

SECHSERREIHE – 6 ECKEN EINER BIENNENWABE

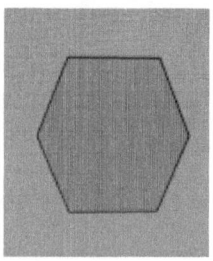

Übung 77: Zeichne einige Einmaleins Aufgaben der Sechserreihe

2*6:

3*6:

6*6:

SIEBENERREIHE – 7 KERZEN EINES LEUCHTERS

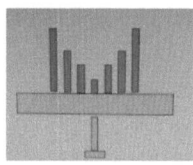

Übung 78: Zeichne einige Einmaleins Aufgaben der Siebener Reihe

1*7:

4*7:

6*7:

ACHTERREIHE – BEINE EINER SPINNE

Übung 79: Zeichne einige Einmaleins Aufgaben der Achterreihe

1*8:

3*8:

5*8:

NEUNERREIHE – 9 KEGEL

Übung 80: Zeichne einige Einmaleins Aufgaben der Neunerreihe

1*9:

3*9:

5*9:

ZEHNERREIHE – FINGER EINES MENSCHEN

Übung 81: Zeichne einige Einmaleins Aufgaben der Zehnerreihe

1*10:

3*10:

5*10:

Einmaleins Bilder in Kreisform

In einem Kreis werden die Ziffern von 0 bis 9 gezeichnet. Die „Null" steht dabei auch stellvertretend für 10, 20, 30, usw., die „Eins für 11, 21, 31 usw. Nun sollen die Zahlen der Einer Reihe, von Null beginnend, mit einem roten Strich verbunden werden. Es ergibt sich ein Zehneck.

EINERREIHE - ZEHNECK

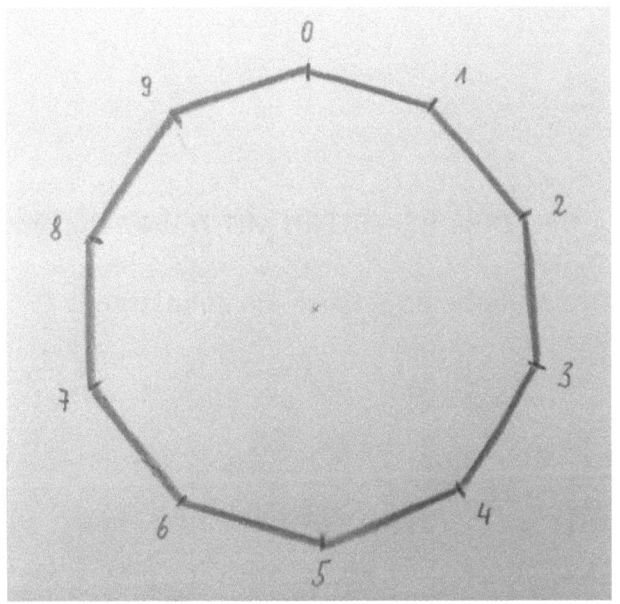

Bei der Zweierreihe gilt es die Zahlen 2 4 6 8 10 12 145 16 18 20 zu verbinden. Es entsteht ein Fünfeck.

ZWEIERREIHE - FÜNFECK

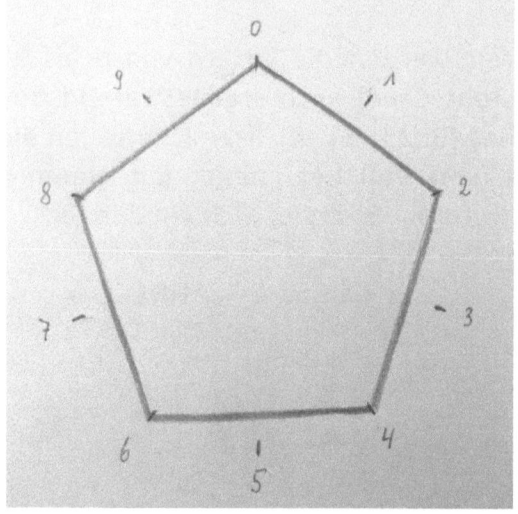

DREIERREIHE – STERN MIT ZEHN ZACKEN

Bei der Dreier Reihe ergibt sich ein Zehnstern.

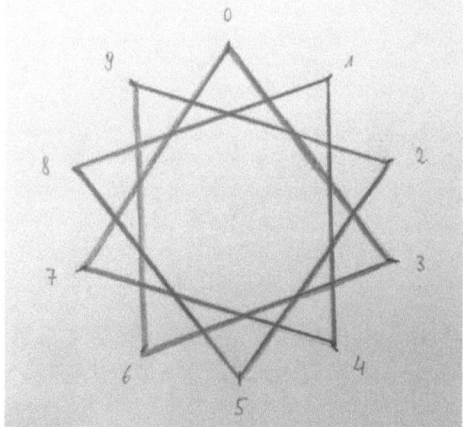

Übung 82: Zeichne die Vierer Reihe in die Zehneranordnung

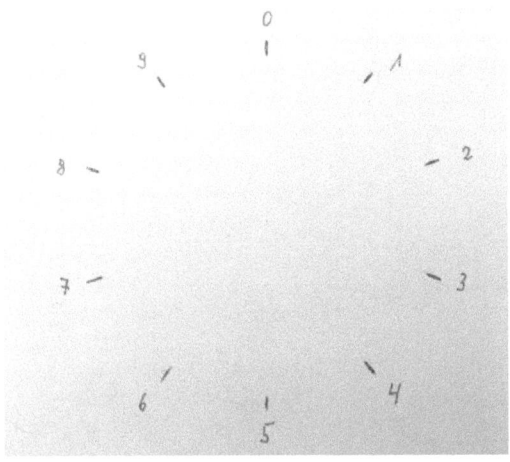

Übung 83: Zeichne die Sechser Reihe in die Zehneranordnung

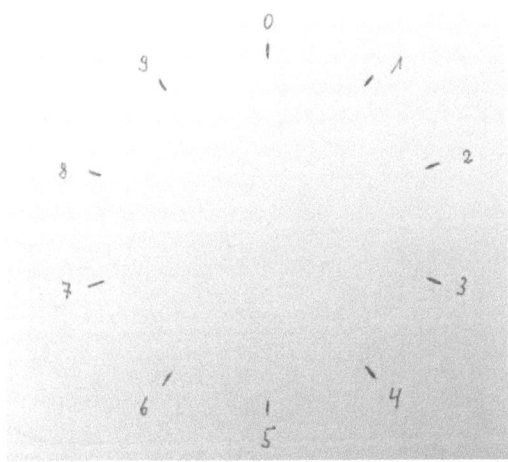

Übung 84: Zeichne die Siebener Reihe in die Zehneranordnung

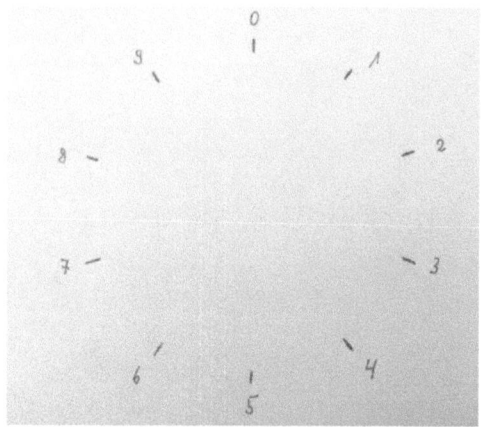

Übung 85: Zeichne die Achter Reihe in die Zehneranordnung

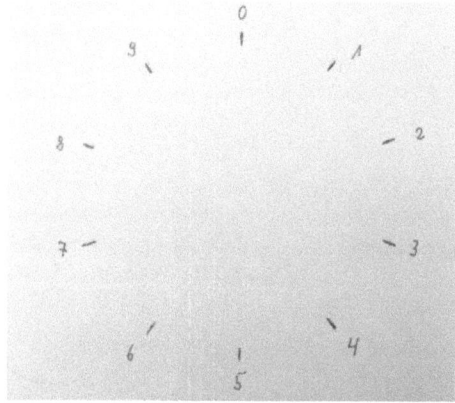

Übung 86: Zeichne die Neuner Reihe in die Zehneranordnung

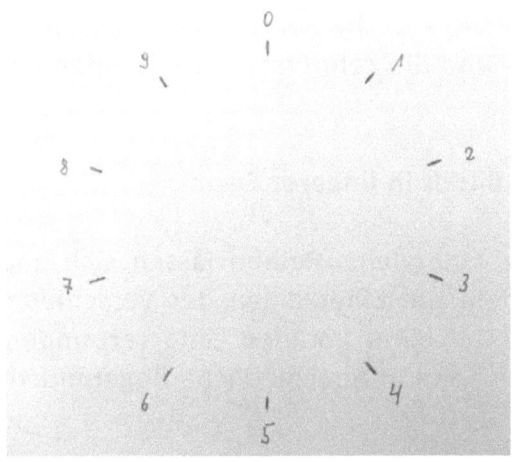

Übung 87: Zeichne die Zehner Reihe in die Zehneranordnung

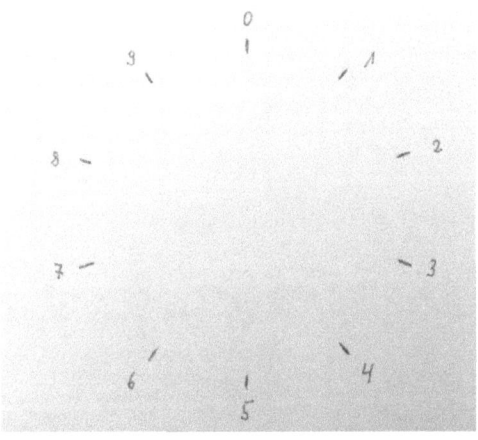

Gewisse Formen gleichen sich. So ergibt z.B. die Einer Reihe und die Neuner Reihe ein Zehneck. Dabei wird dieses Zehneck einmal rechts herum gezeichnet, das andere Mal links herum. Auch bei der Zweier- und Achterreihe, der Dreier- und Siebener Reihe und der Vierer- und Sechserreihe gibt es Entsprechungen. Die Fünferreihe ergibt nur eine Gerade in der Mitte und die Zehnerreihe stellt einen Punkt dar.

Einmaleins Bilder in linearer Form

Formen der Einmaleins Reihen lassen sich auch linear erzeugen, indem die Einerzahlen der verschiedenen Einmaleins Reihen auf einer geraden Linie verbunden werden. Es ergeben sich dann unterschiedliche Bogenmuster.

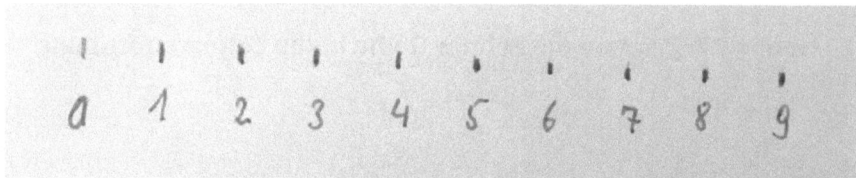

EINERREIHE

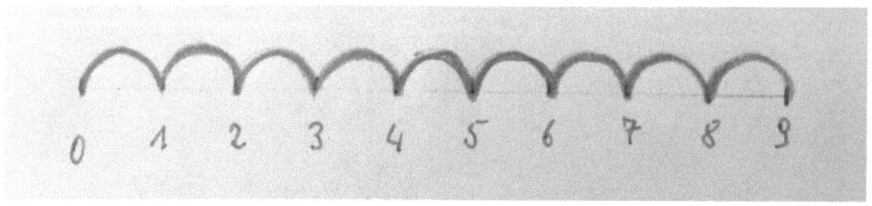

ZWEIERREIHE

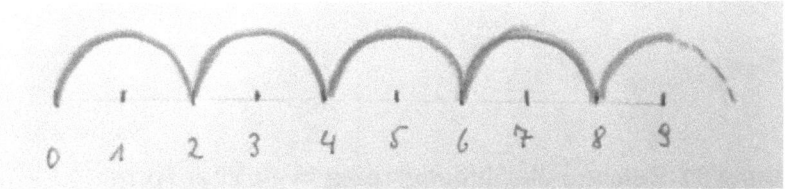

DREIERREIHE

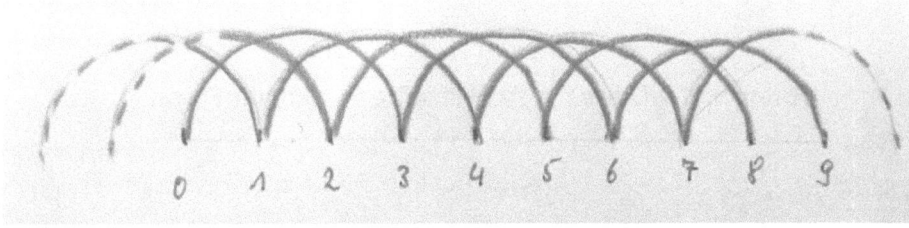

Übung 88: Zeichne die Vierreihe in gleicher Form.

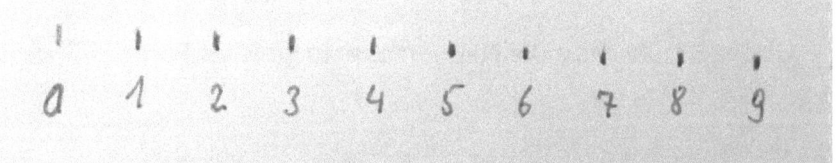

Übung 89: Zeichne die Fünferreihe in gleicher Form.

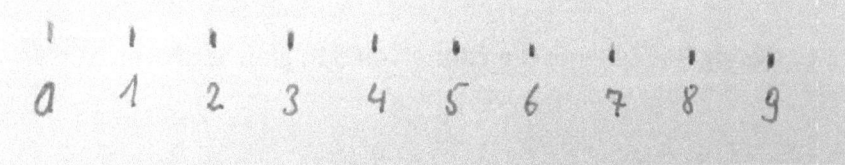

Übung 90: Zeichne die Sechserreihe in gleicher Form.

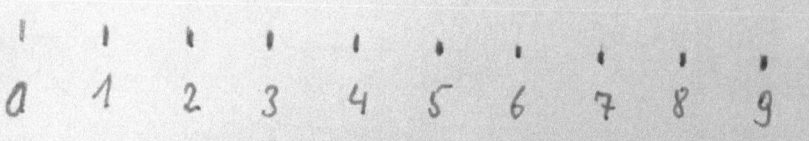

Übung 91: Zeichne die Siebenerreihe in gleicher Form.

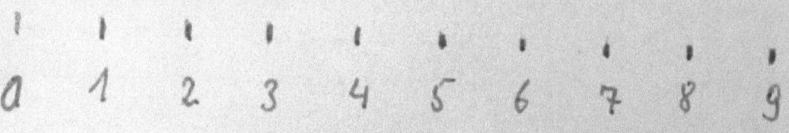

Übung 92: Zeichne die Achterreihe in gleicher Form.

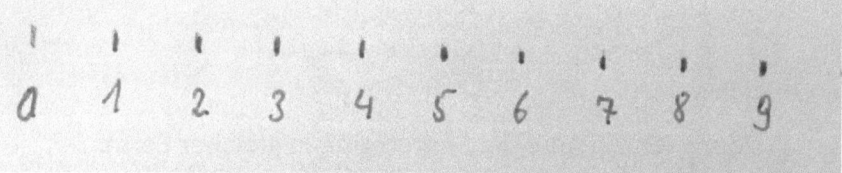

Übung 93: Zeichne die Neunerreihe in gleicher Form.

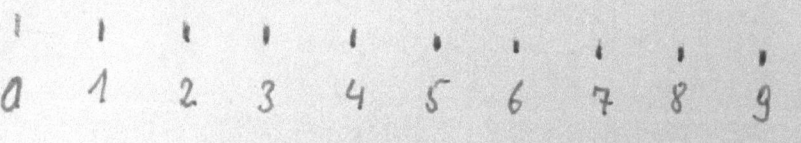

Übung 94: Zeichne die Zehnerreihe in gleicher Form.

2.223 Einmaleins Strukturen

Die Einmaleins Reihen wiederholen sich in den verschiedenen Zahlenräumen. Man kann bei der Zahl 20 wieder von vorne anfangen und 20 + 2 = 22, 20 +4 = 24, 20 +6 = 26 usw. berechnen.

Die Zweier Reihe von 20 bis 40

20	22	24	26	28	30
	32	34	36	38	40

Übung 94: Die Zweierreihe von 40 bis 60

Setze die Zweierreihe von 40 bis 60 fort.

40	42	..	..	..	..
	..	..	..	..	..

Übung 95: Schreibe die Zahlen der Zweierreihe von 60 bis 80 auf!

60	..	..	..	..	..
	..	..	..	..	..

Übung 96: Schreibe die Zahlen der Zweierreihe von 80 bis 100 auf!

---

80   ..   ..

      ..   ..

Alle diese Reihen lassen sich wieder vorwärts, rückwärts, von außen nach innen, von innen nach außen usw. üben.

Arbeite nun ebenso mit anderen Reihen.

Übung 97: Dreier Reihe – verschiedene Stufen
Übung 98: Vierer Reihe – verschiedene Stufen
Übung 99: Fünfer Reihe – verschiedene Stufen
Übung 100: Sechser Reihe – verschiedene Stufen
Übung 101: Siebener Reihe – verschiedene Stufen
Übung 102: Achter Reihe – verschiedene Stufen
Übung: 103 Neuner Reihe – verschiedene Stufen

Übung 104: Die Einmaleins Reihen mit Zehnerzahlen

Die Einmaleins Reihen wiederholen sich im Hunderter- Tausender- Zehntausenderraum.

20 40 60 …
30 60 90 …
40 80 120 …
50 100 150 …
60 120 180 …

70 140 210 ...
80 160 240 ...
90 180 270 ...

Übung 105: Die Einmaleins Reihen mit Hunderterzahlen

200 400 600 ...
300 600 900 ...
400 800 1200 ...
500 1000 1500 ...
600 1200 1800 ...
700 1400 2100 ...
800 1600 2400 ...
900 1800 2700 ...

Übung 106: Das große Einmaleins

Das große Einmaleins kann in ähnlicher Form erarbeitet werden. Zunächst einmal gilt es die Zahlenreihen zu lernen. Vervollständige die Reihen!

11 22 33 ...
12 24 36 ...
13 26 39 ...
14 28 42 ...
15 30 45 ...
16 32 48 ...
17 34 51 ...
18 36 54 ...
19 38 57 ...

Übung 107: Zweier und Dreierreihe

Jede Einmaleins Reihe steht in einer bestimmten Beziehung zu einer anderen. Beispielsweise kann die Zweier Reihe mit der Dreier Reihe folgendermaßen in Beziehung gesetzt werden.

2	=	0*3 +2
4	=	1*3 +1
6	=	2*3
8		2*3+2
10		3*3+1
12		4*3
14		4*3+2
16		5*3+1
18		6*3
20		6*3+2

Übung 108: Vierer und Dreierreihe

4	=	1*3-1
8	=	9*3-1
12	=	4*3
16		
20		
24		
28		
32		
36		
40		

Übung 109: Dreier- Viererreihe

3   =   0*4 +3

6

9

12

15

18

21

24

27

30

Solche Vergleiche lassen sich in vielfältiger Weise durchführen.

Übung 110: Zweier und Vierer Reihe
Übung 111: Zweier und Fünfer Reihe
Übung 112: Zweier und Sechser Reihe
Übung 113: Zweier und Siebener Reihe
Übung 114: Zweier und Achter Reihe
Übung 115: Zweier und Neuner Reihe
Übung 116: Zweier und Zehner Reihe
Übung 117: Dreier und Fünfer Reihe
Übung 118: Dreier und Sechser Reihe
Übung 119: Dreier und Siebener Reihe
Übung 120: Dreier Reihe und Achter Reihe
Übung 121: Dreier Reihe und Neuner Reihe
Übung 122: Vierer Reihe und Fünfer Reihe
usw.

Es lassen sich zu jeder Zahl Einmaleins Bezüge herstellen. Das lässt sich in folgender Aufgabenstellung gut üben. Die

Frage lautet: Wie oft geht die Zehn in die Zwölf, wie oft geht die Neun in die Zwölf usw. bis zu der Zahl 1

Beispiel 1:

12	=	1*10+2
12	=	1*9+3
12	=	1*8+4
12	=	1*7+5
12	=	2*6
12	=	2*5+2
12	=	3*4
12	=	4*3
12	=	6*2
12	=	12*1

Beispiel 2:

64	=	6*10 +4
64	=	7*9 +1
64	=	8*8
64	=	9*7 +1
64	=	10*6 +4
64	=	12*5 +4
64	=	16*4
64	=	21*3 +1
64	=	32*2
64	=	64*1

Übungen: Einmaleins Bezüge zu verschiedenen Zahlen

Übung 123: Arbeite nun ebenso mit der Zahl 36
Übung 124: Arbeite nun ebenso mit der Zahl 74

Übung 125: Arbeite nun ebenso mit der Zahl 120
Übung 126: Arbeite nun ebenso mit der Zahl 215

Übung 127: Das Zahlenreich bis Hundert. Einmaleins Reihen bunt umkreisen

1	2	3	4	5	6	7	8	9	10
11	12	13	14	15	16	17	18	19	20
21	22	23	24	25	26	27	28	29	30
31	32	33	34	35	36	37	38	39	40
41	42	43	44	45	46	47	48	49	50
51	52	53	54	55	56	57	58	59	60
61	62	63	64	65	66	67	68	69	70
71	72	73	74	75	76	77	78	79	80
81	82	83	84	85	86	87	88	89	90
91	92	93	94	95	96	97	98	99	100

In der tabellarischen Darstellungsform des Zahlenreiches lassen sich alle möglichen Untersuchungen zum Einmaleins anstellen.

In einer solchen Tabelle lassen sich nun verschiedene Untersuchungen vornehmen. Die Zahlen verschiedener Einmaleins Reihen werden mit einer bestimmten Farbe gekennzeichnet. Beispielsweise sollen die Zahlen der Zweierreihe mit einem gelben Kreis umrundet werden, die Zahlen der Dreierreihe mit einem blauen, die der Viererreihe mit einem orangen Kreis, usw. ES zeigt sich, dass alle geraden Zahlen gelb umrandet. Bei der Zweier und Viererreihe überlappen sich die Kreise immer. Bei der Zweier- und Fünfer Reihe überlappen sie sich einmal, dann wieder stehen sie einzeln.

Welche Zahlen haben die meisten Kreise? Welche Zahlen haben gar keinen oder ganz wenige Kreise?

Übung 128: Einmaleins Reihen im Hunderterraum

Nun werden alle Einmaleins Reihen in folgender Weise untereinander geschrieben.

1	2	3	4	5	6	7	8	9	10
2	4	6	8	10	12	14	16	18	20
3	6	9	12	15	18	21	24	27	30
4	8	12	16	20	24	28	32	36	40
5	10	15	20	25	30	35	40	45	50
6	12	18	24	30	36	42	48	54	60
7	14	21	28	35	42	49	56	63	70
8	16	24	32	40	48	56	64	72	80
9	18	27	36	45	54	63	72	81	90
10	20	30	40	50	60	70	80	90	100

Auch an dieser Tabelle lassen sich interessante Entdeckungen machen.

Gehe selbst auf Entdeckungsreise!

MESSEN UND MAßE

2.23 DIE MAßE

Messen ist ein Zählen in praktischer Form. Die Menschheit hat schon immer alle möglichen Dinge gemessen. Es werden Stückzahlen, Längen, Gewichte oder die Zeit gemessen.

Bei dem urtümlichen Messen wurde von Körpermaßen und kosmischen Maßen ausgegangen. Längen wurden in Schritten, Ellen, Handbreiten usw. bestimmt. Die Zeit hat man nach dem Sonnen-oder Mondenlauf bestimmt. Es wurde in Tagen, Monden oder Jahren gerechnet.

Bei den Stückzahlen wurde auch gerne die kosmische Zahl „Zwölf" benutzt und von Dutzend oder zwei Dutzend gesprochen.

LÄNGENMAßE

Körpermaße

Jeder Mensch kann sein Umfeld mit Schritten, Ellen, Handspannen und Fingerbreiten abmessen. Die Vergleichbarkeit bei vielen verschiedenen, subjektiven Maßen ist unpraktisch.

Das ist auch der Grund, warum in der Neuzeit technische Maße bevorzugt wurden. Bei der Definition des Meters wurde die Erde als Maßstab genommen. Man versuchte den zehnmillionsten Teil der Entfernung vom Äquator zum Nordpol als Maßeinheit für einen Meter festzulegen.

Für die Schüler ist es gut, zunächst einmal die eigene Umwelt mit Körpermaßen auszumessen, bevor mit vorgegebenen technischen Maßen (Meterstock, Maßband oder Lineal) Längen ausgemessen werden. Mit den Körpermaßen wird eine ganz andere innere Verbindung zum Raum hergestellt.

Schritt:

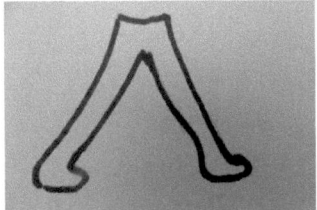

Elle

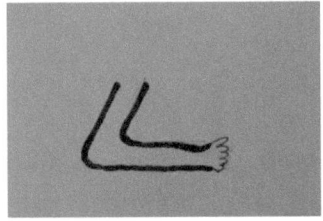

Handspanne

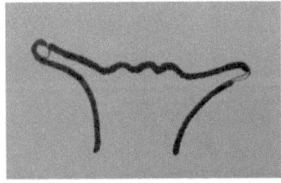

Fingerbreite:

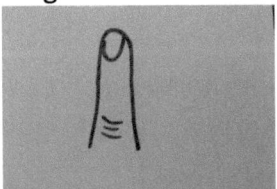

Es zeigt sich bald, dass eine echte Vergleichbarkeit nur mit den **normierten Längenmaßen** gegeben ist. Dann werden zum Messen die üblichen Einheiten von Meter, Zentimeter und Millimeter benutzt. Große Längen wie Kilometer könne in der erlebten Landschaft vorgestellt werden.

Meter: 1 m

Dezimeter: 1dm (10cm)

Zentimeter

Millimeter:

Übung 129: Miss Dein eigenes Zimmer mit Körpermaßen (Schritte, Ellen, Handbreiten) aus und schreibe die Ergebnisse auf ein Blatt!

Übung 130: Miss das Schulzimmer mit Körpermaßen (Schritte, Ellen, Handbreiten) aus und schreibe die Ergebnisse auf!

Übung 131: Miss verschiedene Gegenstände (Tische, Stühle, Bett, Bleistifte usw.) mit Körpermaßen (Schritte, Ellen, Handbreiten) aus und schreibe die Ergebnisse auf!

Übung 132: Miss Dein eigenes Zimmer mit normierten Längenmaßen (Meter, Dezimeter, Zentimeter) aus und schreibe die Ergebnisse auf!

Übung 133: Miss das Schulzimmer mit normierten Längenmaßen (Meter, Dezimeter, Zentimeter) aus und schreibe die
Ergebnisse auf!

Übung 134: Miss verschiedene Gegenstände (Tische, Stühle,
Bett, Bleistifte usw.) mit normierten Längenmaßen (Meter,
Dezimeter, Zentimeter) aus und schreibe die Ergebnisse
auf!

ZEITMASSE:

Bei den Zeitmaßen steht zunächst auch die subjek-
tiv erlebte Zeit im Vordergrund. Für das kleine Kind dauert
ein Tag sehr lange. Es lebt von Augenblick zu Augenblick
und interessiert sich kaum für die Länge der Zeit. Dazu
kommt, dass das Erleben der Zeitdauer stark von der Art
des Erlebens abhängt. Bei einem interessanten Erlebnis
vergeht die Zeit wie im Flug, bei „Langweile" dauert die Zeit
„ewig".
Die natürlichen Zeiteinheiten sind an den kosmischen Rhythmen orientiert. Das Jahr ist dabei eine wichtige
Einheit. Es ist in 365 Tage und 52 Wochen untergliedert.
Der Tag hat vierundzwanzig Stunden, die Stunde 60 Minuten und die Minute sechzig Sekunden.
Die ganz großen Zeiteinheiten, wie das Sonnenjahr
spielen in der Astronomie und Kosmologie eine Rolle. Die
kleinen Zeiteinheiten mit Sekundenbruchteilen sind in der
Technik wichtig.
Im Unterricht der unteren Klassen wird der Lehrer
zunächst mit den kleineren Kindern die Zeiteinteilung der
Uhr aufgreifen und die Zwölfereinteilung vornehmen. Mit

den Stunden, Minuten und Sekunden ist gleich eine ganze Skala verschiedener Zeitmaße vorhanden.

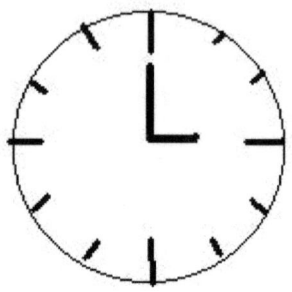

Da wird dann festgehalten, dass der Tag 24 Stunden, die Stunde   60 Minuten und die Minute 60 Sekunden hat.
    Nun lassen sich alle möglichen Zeitrechnungen anstellen und die Sekunden einer Stunde die Minuten eines Tages, usw. berechnen lassen.
Ebenso ist die Untergliederung des Jahres von Bedeutung.

Winter

Frühling   ⭘   Herbst

Sommer

Ein Jahr   hat etwa 52 Wochen
Ein Jahr   hat 12 Monate
Ein Monat   hat etwa 4 Wochen
Eine Woche   hat 7 Tage
Ein Jahr   hat 365 Tage (Schaltjahr 366 Tage)

In dem Rahmen der natürlichen Zeiteinheiten lassen sich alle möglichen Berechnungen durchführen.

Übung 135: Miss die Zeit, die Du für Deinen Schulweg brauchst!

Übung 136: Miss die Zeit, die Du für Deine Hausaufgaben brauchst!

Übung 137: Miss die Zeit, die Du für verschiedene Tätigkeiten brauchst!

Übung 138: Berechne die Zeit, die Du bisher gelebt hast in Jahren, Monate, Wochen, Tage und Stunden.

Übung 139: Wie lange dauert ein Schuljahr? Berechne die Zeit eines Schuljahres in Tagen und Stunden!

Auf diese Weise wird das eigene Zeiterleben mit den technisch messbaren Zeiteinheiten in einen Zusammenhang gebracht.

GEWICHTSMAßE

Auch bei den Gewichtsmaßen ist es sinnvoll zunächst einmal vom Erleben auszugehen. Was erleben wir als schwer, was als leicht? Bevor die Kinder in der Schule Gewichtsberechnungen erlernen, ist eine **Balkenwaage oder Wippe** gut geeignet, Gewichtsvergleiche anzustellen.

Auf einer Wippe können die Kinder beobachten, dass Peter schwerer ist als Ute. Vielleicht ist Herr Lehrer Müller leichter als Ute und Peter zusammen.

Als Übergang zu den normierten, naturwissenschaftlichen Gewichtsmaßen können Vergleichsgegenstände, wie z.B. Steine, benutzt werden. Dann wiegt Fritz eben so viel wie zwei schwere Steine, während vielleicht bei Hans-Peter drei schwere Steine benötigt werden.

Dabei zeigt es sich wie praktisch es ist, wenn zum Rechnen normierte Gewichtsmaße benutzt werden.

Gramm, Pfund Kilogramm

Zentner

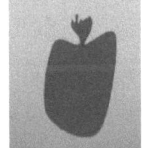

113

Doppelzentner

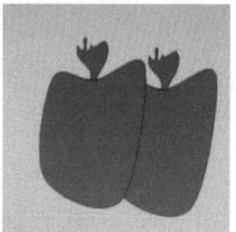

Tonne:

Übung 140: Miss mit einer Küchenwaage verschiedene Gegenstände im Haushalt und schreibe die Ergebnisse auf!

ANDERE MAßE

Andere Maße wie **Flächenmaße** (Quadratmeter, Quadratdezimeter, Quadratzentimeter, Are, Quadratkilometer usw.) oder **Raummaße** (Kubikmeter, Kubikdezimeter, Kubikzentimeter, Liter usw.) können ähnlich behandelt werden.

ZAHLEN
als
MENGEN

2.3 ZAHLEN ALS MENGEN

2.31 Haufenrechnungen und Rechenarten

Zahlen sind Mengen, welche auf die unterschiedlichste Art **getrennt und zusammengefasst** werden können. **Analyse und Synthese** sind die Grundlagen jeder geistigen Tätigkeit und in spezieller Weise des Rechnens. Bei den verschiedenen Rechenarten werden Mengen gegliedert. Die **Addition, Subtraktion, Multiplikation und Division** sind unterschiedliche Möglichkeiten Mengen zu teilen oder zusammenzufassen.

Am Beginn des Rechnens, ist es sinnvoll, mit den Elementen einer Menge konkret zu hantieren. Das Rechnen mit Fingern, Würfelelementen, Kartons und Graphiken, welche die Zehner- Hunderter- und Tausendergliederung erkennen lassen, ist wichtig.

Am Anfang wird **mit den zehn Fingern** der Hände gerechnet. Die kleinen Kinder benutzen ihre eigenen Finger, um Zahlen darzustellen. Wenn ein vierjähriges Kind nach dem Alter gefragt wird, streckt es einem als Antwort gerne vier gestreckte Finger entgegen. Der Eigenwahrnehmungssinn, als Grundlage des Zahlbegriffs, wird beim Fingerrechnen angewendet. Oft wird das Rechnen mit den Fingern zu früh unterbunden. Der konkrete Zahlvorstellungsprozess braucht eine ausreichende Grundlage.

Beim Rechnen mit den Fingern können die Schüler beispielsweise bei additiven Gliederungen einen Stab benutzen. Die Haufenrechnung 10 = 8 + 2 sieht dann so aus.

117

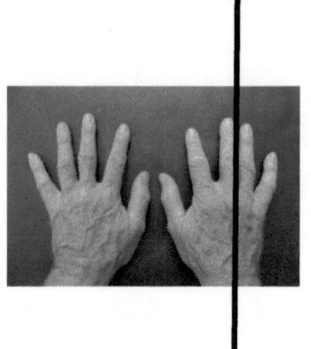

Bei größeren Anzahlen lassen sich die Hände der Kameraden mit verwenden. Wer alleine rechnet kann sich die Finger anderer Menschen auf ein Papier malen.

40 = 32 + 8

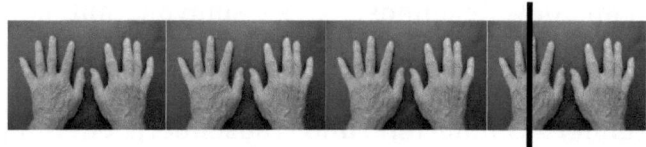

Bei Fingerrechnungen mit noch größeren Zahlen, können stellvertretend für die zehn Finger der Hände jeweils der Kopf dieser Menschen gezeichnet werden. Zehn Köpfe sind dann ein Symbol für 100 Finger.
Die Aufgabe 223 = 180 und 43 lässt sich dann so darstellen:

223 = 180 + 43

 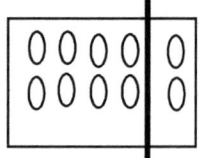 

Als nächstes werden die Finger weggelassen und mit Gegenständen (**Rechenmaterial**), gerechnet. Mit Kugeln, Steinchen, Kastanien, Perlen kann begonnen werden. Das **gegenständliche Rechnen** ist die Grundlage für das abstrakte Rechnen.

Beispielsweise kann eine Additionsaufgabe mit Kugeln so aussehen:

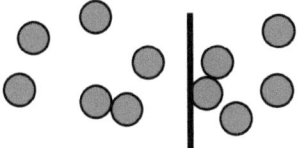

11 = 6 + 5

Bei größeren Zahlen kann gut mit Punktetafeln hantiert werden. Die Aufgabe 234 = 180 + 54 sieht dann so aus :

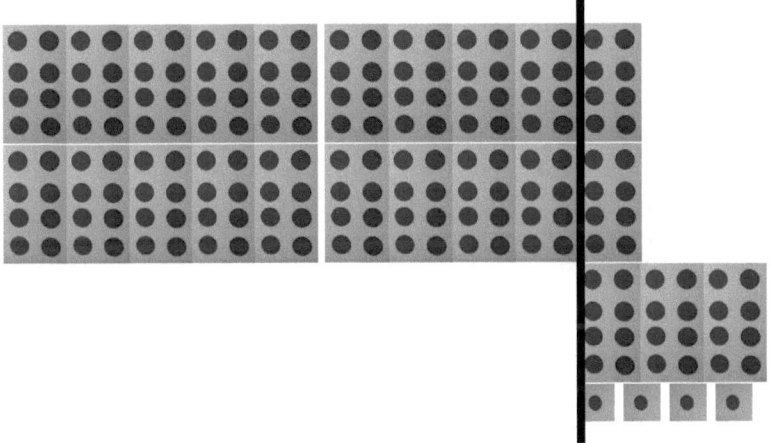

In ähnlicher Weise können Steckwürfel, Abakus, Punktetafeln, Rechensäckchen usw. angewendet werden.

2.31 Rechenarten

Alle Rechenarten lassen sich gegenständlich und grafisch gestalten.

Bei der Addition durch ein Auseinandergliedern oder einen Trennungsstrich.

12= 4+8

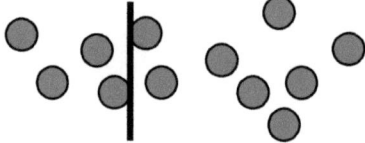

Bei der Subtraktion kann von einer Menge ausgegangen werden, bei der ein Teil verschwindet und nur noch ein Rest bleibt. Eine graphische Darstellung könnte so aussehen.

4= 12 - 8

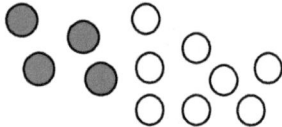

Bei der Multiplikation wird die Menge in gleiche Anteile gegliedert, also

12= 3*4

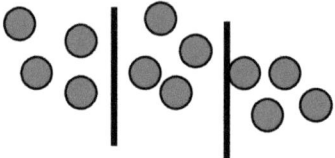

Bei der Division kann geschaut werden, wie oft eine kleinere Menge in einer größeren enthalten ist.
Bei der Aufgabe 2 = 12 : 6 kann man sagen: Wie oft ist die Zahl 2 in der Zahl 12 enthalten und dann die Teilmengen entsprechend darstellen.

2= 12 : 6

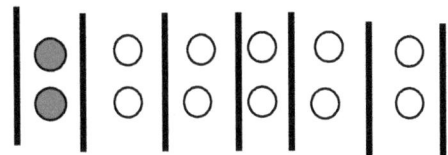

Gliedern und Zusammenfügen verschiedener Anzahlen lässt sich grundsätzlich auf zwei Arten gestalten. Entweder man geht vom Ganzen aus und gliedert dieses Ganze in verschiedene Einzelteile oder man geht von den Einzelteilen aus und fügt diese zu einem Ganzen zusammen. Es ist ein Unterschied, ob **12= 3+9 oder 3+9 = 12** gerechnet wird. Im ersten Fall ist es eine Geste des Verteilens einer Menge, im zweiten Fall werden Teilmengen zusammengefügt.

Natürlich werden beide Prozesse gebraucht. Das ganzheitliche Analysieren sollte dem einzelheitlichen Zusammenfügen vorausgehen.

Es gibt nicht nur einen erkenntnistheoretischen, sondern auch einen „moralischen" Grund vom Ganzen auszugehen.

Wenn von einem ganzen Haufen ausgegangen wird, aus dem verschiedene Teilmengen gebildet werden, steht die Geste des Teilens und Verteilens im Vordergrund. Wenn dagegen beliebige Teilmengen zusammengefügt werden, steht die Geste des Anhäufens (negativ ausgedrückt: des Zusammenraffens) am Anfang.

Ähnliches gilt für die anderen Rechenarten. In diesem Zusammenhang weist R. Steiner darauf hin, dass durch die Art, wie das Rechnen eingeführt wird, bei den Kindern entweder mehr eine soziale, ganzheitliche Haltung oder mehr eine egoistische, isolierte Einstellung erzeugt wird.

2.32 Addition

Die ganzheitliche Addition ist ein **Verteilen einer Ganzheit** in zwei Untermengen.

$$12 \quad = \quad 3 \quad + \quad 9$$

Die Frage lautet: Wie kann die Zahl Zwölf in zwei Haufen gliedert werden? Es gibt dabei viele Möglichkeiten. Eine davon ist es sie in Untermengen von 3 und 9 zu teilen.

Beim isolierten Addieren werden zwei Untermengen zusammengefügt.

$$3 \quad + \quad 9 \quad = \quad 12$$

Die Fragestellung lautet: Was ergibt sich wenn ich die Zahl "drei" und „neun" zusammenfüge? Diese Fragestellung lässt nur eine Möglichkeit zu.

Nun beschreiben wir eine Reihe von Übungen zum Erlernen der ganzheitlichen Addition.

Übung 141: Teile die Zahl 12 in verschiedene Zweierhäufchen auf? Welche Möglichkeiten gibt es?

12 = 1 + 11
12 = 2 +
12 =
12 =
12 =
12 =
12 =
12 =
12 =
12 =
12 =

Übung 142: Sortiere die Zahl 12 in verschiedene Dreierhäufchen auf?

12 = 1 + 2 + 9
12 = 2 + 3 + 7
12 = 3 + 4 + 5
12 = 4 + 5 + 3
12 = 5 + 6 + 1
12 = 2 + 4 + 6
12 = ...

12 = ...
12 = ...
12 = ...
12 = ...
12 = ...
12 = ...
12 = ...

Übung 143: Gliedere die Zahl 12 in verschiedene Viererhäufchen auf?

12 = 1 + 2 + 3 + 6
12 = 2 + 3 + 4 + 3
12 = 2 + 4 + 4 + 2
12 =......................
12 =......................
12 =......................
12 =......................
12 =......................
12 =......................
12 =......................

Übung 144: Gliedere die Zahl 12 in lauter gleiche Untermengen auf!

12 = 6 + 6
12 = 4 + 4 + 4
12 = 3 + 3 + 3 +3
12 = 2 + 2 + 2+2+2 +2
12 = 1+1+1+1+1+1+1+1+1+1+1+1

Übung 145: Arbeite genauso mit anderen Zahlen!

10
18
24
36
usw.

Bei den nächsten Übungen nehmen wir die Einmaleins Reihen als Grundlage für Additionsaufgaben und bilden Summationsreihen.

Übung 146: Summationsreihe der Einer Reihe
Man zählt die Zahlen der Einer Reihe zusammen, Was ergibt sich für ein Ergebnis?

1
1 + 2 =
1 + 2 +3 =
1 + 2 + 3 + 4=
1 + 2 + 3 + 4 +5 =
1 + 2 + 3 + 4 +5+ 6 =
1 + 2 + 3 + 4 +5 +6+7=
1 + 2 + 3 + 4 +5 +6 + 7 + 8 =
1 + 2 + 3 + 4 +5 +6 + 7 + 8 +9 =
1 + 2 + 3 + 4 +5 +6 + 7 + 8 + 9 + 10 =

Übung147: Summationsreihe der Zweierreihe
Übung 148: Summationsreihe der Dreierreihe
Übung 149: Summationsreihe der Viererreihe
Übung150: Summationsreihe der Fünferreihe

Übung 151: Summationsreihe der Sechserreihe
Übung 152: Summationsreihe der Siebenerreihe
Übung 153: Summationsreihe der Achterreihe
Übung 154: Summationsreihe der Neunerreihe
Übung 155: Summationsreihe der Zehnerreihe

Übung 156: Summationsreihen der Einser Reihe - auf und absteigend.

1
1+2+1
1+2+3+2+1
1+2+3+4+3+2+1
....
....
....
....

Übung 157: Summationsreihe „Gleiche Zahlen"
Zähle folgende Zahlenreihe aufsteigend zusammen.

1
2+2
3+3+3
4+4+4+4
....
....
....

Übung 158: Summationsreihe der geraden   Zahlen

2

2+4

2+4+6

2+4+6+8

....

....

....

Übung159: Summationsreihe der ungerade Zahlen
Zähle folgende Zahlenreihe aufsteigend zusammen.

1

1+3

1+3+5

1+3+5+7

....

....

....

....

....

2.33 Subtraktion

Bei der Subtraktion können wir auch ganzheitlich vorgehen.
Es gibt eine Ganzheit. Aber von dieser ist nur ein Rest übrig
geblieben. Ein Teil ist verschwunden.
Beispielsweise gibt es „zwölf" Elemente. Es sind aber nur
noch „drei" übrig geblieben. Wir fragen, wie viele sind denn
verschwunden?

Diese Fragestellung der Subtraktion bezieht sich auf den Anfangszustand, zu dem ein Bezug hergestellt wird.

Verschwinden: 3   =   12   -   9
(Ganzheitliches Subtrahieren)

Wir können das in verschiedener Weise graphisch darstellen.

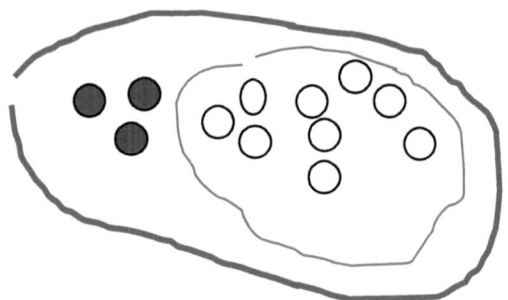

Bei der isolierten Form, der Subtraktion wird als erstes die Menge 12 ins Bewusstsein genommen und dann ein Teil davon weggenommen.

Wegnehmen: 12   -   9   =   3
(Einzelheitliches Subtrahieren)

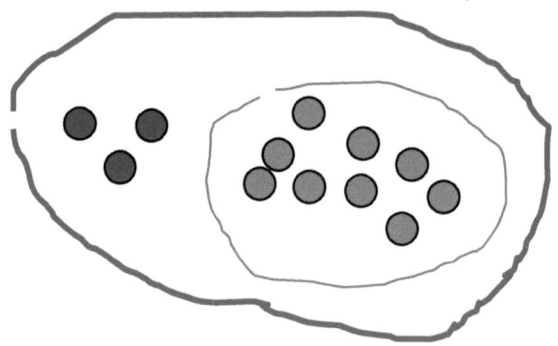

Das Bewusstsein richtet sich auf die weggenommene nicht auf der übrig gebliebene Menge.

Die Empfindungsgeste ist unterschiedlich. Einmal geht es um ein **Wegnehmen**, im anderen Fall um ein **Verschwinden**. Es lassen sich viele Übungsmöglichkeiten zum Erlernen der Subtraktion beschreiben.

Übung 160: Subtraktive Gliederung der Zahl 12 (Zweierelemente):

Versuche die Zahl 12 als Subtraktionsaufgabe zu schreiben. Also:

$12 = 13 - 1$
$12 = 14 - 2$
$12 = 15 - 3$
$12 = \dots\dots\dots$
$12 = \dots\dots\dots$
$12 = \dots\dots\dots$
$12 = \dots\dots\dots$
$12 = \dots\dots\dots$
$12 = \dots\dots\dots$
$12 = \dots\dots\dots$
$12 = \dots\dots\dots$
$12 = \dots\dots\dots$

Übung 161: Subtraktive Gliederung weiterer Zahlen:
Versuche für weitere Zahlen solche Gliederungen vorzunehmen, z.B.

10
36
64
100
1000
Usw.

Übung 162 : Differenz Reihe Dreier Reihe – Einer Reihe

Interessante Aufgaben ergeben sich, wenn verschiedene Einmaleins Reihen in Beziehung gesetzt werden. Es lassen sich Differenzreihen bilden, bei denen oft erstaunliche Ergebnisse erscheinen, .

$3 - 1 = 2$

$6 - 2 = 4$

$9 - 3 = 6$

$12 - 4 = 8$

$15 - 5 = 10$

$18 - 6 =$

$21 - 7 =$

$24 - 8 =$

$27 - 9 =$

$30 - 10 =$

Übung 163: Differenz Reihe: Zehner Reihe und Neuner Reihe (10 und 9)

Bilde die Differenzen zwischen beiden Reihen.

$10 = 18 - 8$

$20 = 27 - 7$

30=36-
40=45-
50=54-
60=63-
70=72-
80=81-
90=90-

Übung 164: Differenz Reihen: Fünfer und Neuner Reihe (5 und 9)

5=9-4
10=18-8
15=27-12
20 =36-
25 =45-
30 =54-
35 =63-
40 =72-
45 =81-
50 =90-

Übung 165: Differenz Reihen weiterer Einmaleins Reihen

Bilde nun weitere Differenzreihen, z.B.
3 und 4
3 und 5
3 und 6
usw.
4 und 5
4 und 6
usw.

Übung 166: Differenzreihe der Quadratzahlen

Es werden die Quadratzahlen 1, 4, 9 ,16 usw. aufgeschrieben. Nun soll die Differenz der zweiten und ersten Zahl (4 –
1), der dritten und zweiten Zahl (9-4) usw. gebildet werden.
Bei den jeweiligen Ergebnissen lässt sich noch einmal die
Differenz bilden. Diese ergibt immer 2.

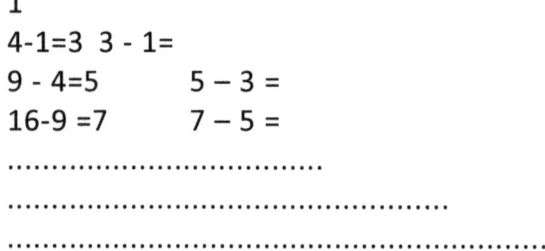

1
4-1=3 3 - 1=
9 - 4=5   5 – 3 =
16-9 =7   7 – 5 =
....
....
....

**Übung 167: Summations- und Differenzreihenreihe gerade
Zahlen.**

Verschiedene Kombinationen von Summen und Differenzen
bergen immer wieder neue Überraschungen in sich. Unten
haben wir die Summationsreihe der ungeraden Zahlen. Das
Ergebnis der ersten Aufgabe wird vom Ergebnis der zweiten
Zahl abgezogen. Die Ergebnisse dieser Differenzen werden
wieder von einander abgezogen.

1+   1
1+3+1   5   5-1= 4   4
1+3+5+3+1 13   13-5=8   8-4= 4
....
....
....

Übung 168: Summations- und Differenzreihe „gerade" Zahlen.

Zähle folgende Zahlenreihe aufsteigend und absteigend zusammen. Bilde dann die Differenz der Ergebnisse und wiederhole diesen Vorgang.

2+	2	
2+4+2	6	6-2= 4
2+4+6+4+2	18	18-6=12
2+4+6+8+6+4+2	32	32 -18= 14

....

....

....

Auf diese Weise lässt sich eine Fülle von Übungsaufgaben mit Summations- und Differenzreihen bilden.

2.34 Multiplikation

Die ganzheitliche Fragestellung bei der Multiplikation lautet: Wie kann ich eine Zahl in genau gleiche Anteile aufgliedern?
Als Beispiel sei die Zahl „zwölf" genommen. Die Fragestellung lautet: Wenn ich die Zahl Zwölf in genau gleiche Teil untergliedere, kann ich dreimal vier Teile bilden.

Ganzheitliches Malnehmen („Morulieren"):   12   =
3   *   4

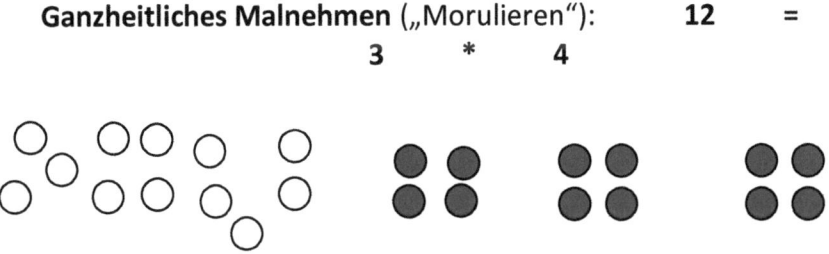

Isoliertes Malnehmen: 3 * 4 = 12

Beim isolierten Malnehmen nimmt man eine Menge und vervielfacht sie. Bei der obigen Aufgabe wird dann die Teilmenge „Vier" dreimal malgenommen. Die Fragestellung heißt dann: Wieviel ist 3*4?

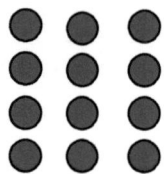

Beim ganzheitlichen Vorgehen gibt es immer verschiedene Möglichkeiten, beim isolierten Malnehmen gibt es nur eine.

Übung 169: Multiplikative Gliederung der Zahl 12 ohne Rest

12 = 2*6
12 = 3*
12 = 4*
12 = 6*
12 = 12 *

Übung 170: Multiplikative Gliederung der Zahl 12 mit Rest

12 = 1* 12
12 = 2*6
12 = 3* 4
12 = 4*3
12 = 5* 2 + 2

12 = 6*2
12 = 7*1 + 5
12 = 8 *1+4
12 = 9 *1+3
12 = 10 *1+2
12 = 11 *1+1
12 = 12 * 1

Übung 171: Multiplikative Gliederung anderer Zahlen
Rechen ebenso mit folgenden Zahlen

10
14
36
64
Usw.

Übung172: Größere Zahlen multiplizieren (großes Einmaleins)

11 *1
11*2
11*3
11*4
11*5
11*6
11*7
11*8
11*9
11*10

Nimm die Zahlen 12, 13 ...20, welche Du mit den Zahlen 1 bis 10 multiplizierst. Dann erhältst Du die Zahlen des großen Einmaleins.

Übung 173: Multiplikationsreihe Zweier- und Dreierreihe

$2*3=6$
$4*6=24$
$6*9=63$
$8*12=96$
$10*15=150$
$12*18=$
$14*21=$
$16*24=$
$18*27=$
$20*30=$
Arbeite genauso mit anderen Einmaleins Reihen!

2.35 Division

Bei der ganzheitlichen Division lautet die Frage: Wie oft ist eine kleinere Zahl in einer größeren enthalten?

Ganzheitliches Teilen – Enthalten sein

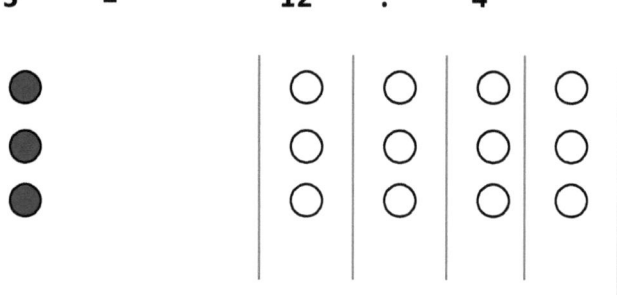

3　　=　　12　:　4

Wie oft ist die Zahl Drei in der Zwölf enthalten oder wie oft passt die Zahl Drei in die Zwölf hinein?

Beim gewohnten Teilen heißt die Frage: Wenn die Zahl 12 in vier gleiche Teile geteilt wird, wie viele sind in jeder Teilmenge enthalten.

Isoliertes Teilen: **12**   **:**   **4**   **=**   **3**

Graphisch kann der Schüler dies so darstellen.

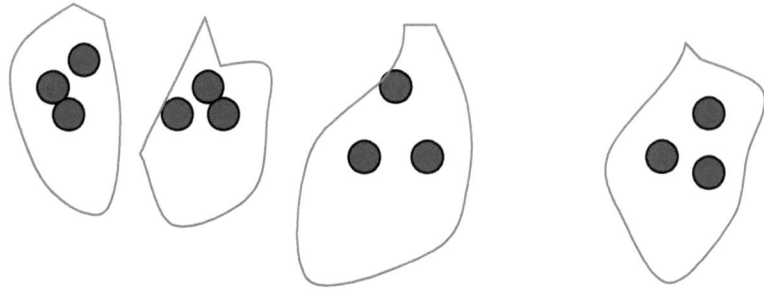

Übung 174: Divisionsreihe der Zahl 12

12:1 = 12
12:2 = 6
12:3
12:4
12:5 = 2 Rest 2
12:6
12:7
12:8
12:9
12:10

Divisionsreihe mit anderen Zahlen

Arbeite ebenso mit
24
36
48
60
72
usw.

Übung 175: Teilungsaufgaben

Hier lautet die Frage: „Welche Zahlen gibt es, die ich teilen kann, sodass sich die Zahl 12 ergibt?

12 = 12 : 1
12 = 24 : 2
12 = 36 : 3
12 = ...
12 = ...
12 = ...
12 = ...
12 = ...
12 = ...
12 = ...

Übung 176: Wie oft ist die Zahl 3 in der Viererreihe zu finden?

3 in 4 = 1 Rest 1
3 in 8 = 2 Rest 2

3 in 12 = 4
3in 16
3 in 20
3 in 24
3 in 28
3 in 32
3 in 36
3 in 40

Übung 177: Die Zahlen der Sechserreihe durch die Zahlen der Dreierreihe teilen.

6:3 = 2
12:6 = ….
18:9 = ….
24:12 = ….
30:15 = ….
36:18 = ….
42:21 = ….
48:24 = ….
54:27 = ….
60:30 = ….

Finde ähnliche Aufgaben mit anderen Einmaleins Reihen!

Übung 178: Die Zahl 50 durch die Einerzahlen teilen.

50:1 = 50
50:2 = 25
50:3 = 16 Rest 2
50:4 = ….
50:5 = ….

50:6 = ….
50:7 = ….
50:8 = ….
50:9 = ….
50:10 = ….

Übung 179: Die Zahl 50 durch die Zweierzahlen teilen.

50:2
50:4
50:6
50:8
50:10
50:12
50:14
50:16
50:18
50:20

Übung 179: Die Zahlen der Neuner Reihe durch die Zahl 2 teilen.
9 : 2
18: 2
27:2
36:2
45:2
54:2
63:2
72:2
81:2
90:2
Übe ebenso mit anderen Zahlen!

Übung 180: Divisionsreihen mit Primzahlen

Versuche eine Divisionsreihe der Zahl 13 herzustellen. Was fällt auf?

13 : 1 = 13

13 : 2 = 6 Rest1

13 : 3 = 4 Rest 1

....

....

....

....

....

Arbeite ebenso mit den Zahlen 17 19 23 29 31 37 41 43

2.315 Gemischte Rechnungen

Übung 181: Kettenrechnungen

Wähle eine bestimmte Zahl (z.B.12)und ziehe eine andere Zahl (z.B.2) gleichmäßig ab und auf der anderen Seite dazu.
Übung: Kettenrechnung 12 und 2

Beispiel:

- 2	12	+ 2
	10 14	
	8 16	
	6 18	
	4 20	
	2 22	
	0 24	

Übung 182: Kettenrechnung 46 und 7

Rechne von 46 aus mit der Zahl Sieben, solange bis du bei 0 angekommen bist

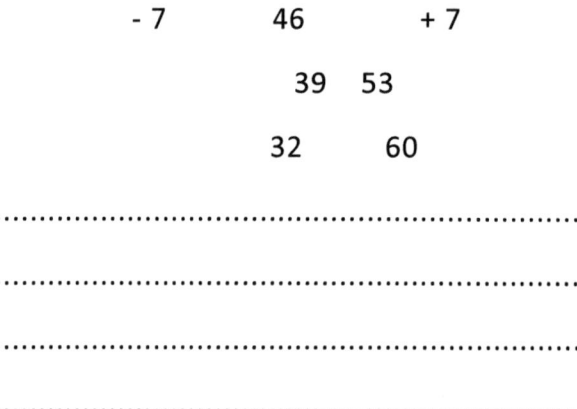

- 7	46	+ 7
39	53	
32	60	

....

....

....

....

Übungen: Weitere „Kettenrechnungen mit beliebigen Zahlen

Arbeite ebenso mit anderen Zahlen!

Übung 183: „Zielaufgaben"
Wähle eine Zahl (z.B. 37) aus und versuche durch Plus oder Minusrechnungen zu anderen Zahlen zu gelangen.

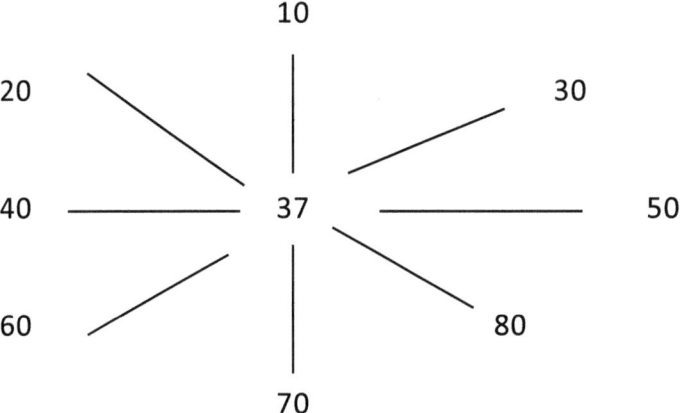

Es ergeben sich für obiges Beispiel folgende Rechnungen:

37 −27 = 10   37 + 23 = 60   37 + 13 = 50
37 − 17 = 20   37 + 33 = 70   37 − 7 = 30
37 + 3 = 40   37 + 43 = 80

Übung 184: „Rechenrätsel"

Versuche nun Rechnungen der Art herzustellen, dass alle möglichen Rechenarten miteinander verknüpft werden. Auf diese Weise werden „Rechenrätsel" erzeugt, welche die Schüler sich gegenseitig stellen können.

$\boxed{}$ + 9 = 20   - $\boxed{}$ = 2 + 10 = $\boxed{}$

4 * $\boxed{}$ = 16

$\boxed{}$: 5 = 3

„Magisches" Zahlenquadrat mit 16 Zahlen

Eine sehr reizvolle Übungsmöglichkeit sind magische Zahlenquadrate. Wenn man sie erst einmal hergestellt hat, besteht die Möglichkeit, eine Menge verschiedener Additionen auszuführen und dabei ins Staunen zu geraten.

Zur Herstellung eines Zahlenquadrates wird folgendermaßen vorgegangen: Es wird eine Einmaleins Reihe ausgewählt, beispielsweise die Einer Reihe. Die Zahlen dieser Reihe von 1 bis 16 in quadratischer Form geschrieben. Nun werden in der zweiten und dritten Reihe die Eckzahlen kreuzweise vertauscht. Das Gleiche macht man in der zweiten und dritten Spalte. Die Eckzahlen 1 4 13 16 bleiben erhalten, ebenso die vier innersten Zahlen 6 7 10 11. Das nun entstandene Quadrat hat die Eigenschaft, dass alle Summen, waagrecht, senkrecht und diagonal immer gleiche Ergebnisse aufzeigen (nämlich 34). Das sieht dann folgendermaßen aus:

Magisches Zahlenquadrat mit der Einer Reihe

1	2	3	4		1	15	14	4
5	6	7	8		12	6	7	9
9	10	11	12		8	10	11	5
13	14	15	16		13	3	2	16

1+15+14+4= 34
12+6+7+9 =34

....
....
....
....

So lassen sich alle Einmaleins Reihen in magische Zahlenquadrate verwandeln.

Übung 185: Magisches Zahlenquadrat mit der Zweierreihe

Es werden dabei immer die mittleren Zahlen der obersten und untersten, sowie der linken und rechten Seite kreuzweise vertauscht. Vervollständige das Zahlenquadrat.

2	4	6	8
10	12	14	16
18	20	22	24
26	28	30	32

2	30	28	8
24	12	14	18
……	……	……	……
……	……	……	……

Vollende das magische Zahlenquadrat und berechne die Summen Zeilen, Spalten und Diagonalen.

Übung 186 : Magisches Zahlenquadrat mit der Dreierreihe
Übung 187: Magisches Zahlenquadrat mit der Viererreihe
Übung 188: Magisches Zahlenquadrat mit der Fünferreihe
Übung 189: Magisches Zahlenquadrat mit der Sechserreihe
Übung 190: Magisches Zahlenquadrat mit der Siebenerreihe
Übung 191: Magisches Zahlenquadrat mit der Achterreihe

Übung 192: Magisches Zahlenquadrat mit der Neunerreihe

Magisches Zahlenquadrat mit neun Zahlen

Es lassen sich auch magische Zahlenquadrate mit neun Zahlen herstellen.

```
            3
      2           6
1           5           9
      4           8
            7
```

Die Zahlen werden in folgender Anordnung geschrieben. Nun werden die äußersten Zahlen waagrecht und senkrecht vertauscht, als 3 und 7 und 1 und 9.

```
            7
      2           6
9           5           1
      4           8
            3
```

Nun wird eine obere Reihe gebildet, indem die 7 zwischen der 2 und 6 eingefügt wird, die mittlere Reihe steht schon da, und in der unteren Reihe wird die 3 zwischen der 4 und der 8 eingefügt. Das ergibt dann folgendes Zahlenquadrat.

```
2   7   6
9   5   1
4   3   8
```

Wieder ergeben die Summationsreihen waagrecht, senkrecht und diagonal das gleiche Ergebnis, nämlich 15.

2+7+6
9+5+1
4+3+8
....
....
....
....

Übung 193: Magisches Zahlenquadrat mit neun Zahlen - Zweierreihe

Übung 194: Magisches Zahlenquadrat mit neun Zahlen - Dreierreihe

Übung 195: Magisches Zahlenquadrat mit neun Zahlen - Viererreihe

Übung 196: Magisches Zahlenquadrat mit neun Zahlen - Fünferreihe

Übung 197: Magisches Zahlenquadrat mit neun Zahlen - Sechserreihe

Übung 198: Magisches Zahlenquadrat mit neun Zahlen - Siebenerreihe

Übung 199: Magisches Zahlenquadrat mit neun Zahlen - Achterreihe

Übung 200: Magisches Zahlenquadrat mit neun Zahlen - Neunerreihe

Übung 201: Zehnerergänzungen „Zweierreihe"

4 + ...= 10
6 + ...= 10
8 + ...= 10
10+ ......= 20
12 + ...= 20
14 + ...= 20
16 + ...= 20
18 + ...= 20
20+ ......= 30

Übung 202: Zehnerergänzungen Dreierreihe
Übung 203: Zehnerergänzungen Viererreihe
Übung 204: Zehnerergänzungen Fünferreihe
Übung 205: Zehnerergänzungen Sechserreihe
Übung 206: Zehnerergänzungen Siebenerreihe
Übung 207: Zehnerergänzungen Achterreihe
Übung 208: Zehnerergänzungen Neunerreihe

Vergleiche verschiedener Reihen

Es lassen sich alle möglichen Kombinationen bilden. Es können bei verschiedenen Reihen Additionen, Differenzen und Produkte gebildet werden.

Als Beispiel sei die Zweier – und Dreier Reihe genommen. In der ersten Reihe stehen die Differenzen, in der letzten die Summen der Zahlen der 2-er und 3-er Reihe.

Differenz	2-er Reihe	3-er Reihe	Summe
1 (3-2=1)	2	3	5 (2+3=5)
2	4	6	10
3	6	9	15
4	8	12	20
		usw.	

Übung 209: Differenzen und Summen Dreierreihe – Viererreihe.

Übung 210: Differenzen und Summen Vierer und Fünferreihe

Übung 211: Differenzen und Summen Fünfer und Sechserreihe

Übung 212: Differenzen und Summen Sechser und Siebenerreihe

Übung 213: Differenzen und Summen Siebener und Achterreihe

Übung 214: Differenzen und Summen Achter und Neunerreihe

Übung 215: Differenzen und Summen Neuner und Zehnerreihe

Übung 216: Differenzen und Summen Zweier und Viererreihe

Übung 217: Differenzen und Summen Dreier und Sechserreihe

Übung 218: Differenzen und Summen Zweier und Achterreihe

Übung 219: Differenzen und Summen Dreier und Neunerreihe

Übung 220: Differenzen und Summen Dreier und Siebenerreihe

SCHRIFTLICHES RECHNEN

2.4 SCHRIFTLICHES RECHNEN

Mit großen Zahlen können die Rechenoperationen oft nicht mehr mündlich durchgeführt werden. Es ist sinnvoll, zunächst mit Rechenmaterial wie Steckwürfeln, Farbkartons oder Zahlensäckchen zu rechnen. Dadurch bleibt die bildhafte Vorstellung der Gliederungsvorgänge noch ein wenig erhalten. Das Material ist ein Bild für die einzelnen Dezimalstellen, welche beim schriftlichen Rechnen die Hauptrolle spielen. Die Farbkartons sind Stellvertreter für die Einer (E), Zehner (Z), Hunderter (H), Tausender (T), Zehntausender (ZT) usw.

Das schriftliche Rechnen basiert auf einer genauen Beachtung der Stellen des Zahlensystems. Die Zahl 123 zeigt uns bei der „Drei" die Einerstelle (E), bei der „Zwei" die Zehnerstelle (Z) und bei der „Eins" die Hunderterstelle an (H).

2.41 Übungen mit Farbkartons

Zahlen mit Farbkartons verschieden gliedern.

123= 1H+2Z+3E	123 = 100 + 20 + 3
oder 0H+12Z+3E	123 = 120 + 3
oder 0H+10Z+23E	123 = ... .100 + 23
oder 0H +9Z +33E	123 = 90 + 33
usw.	

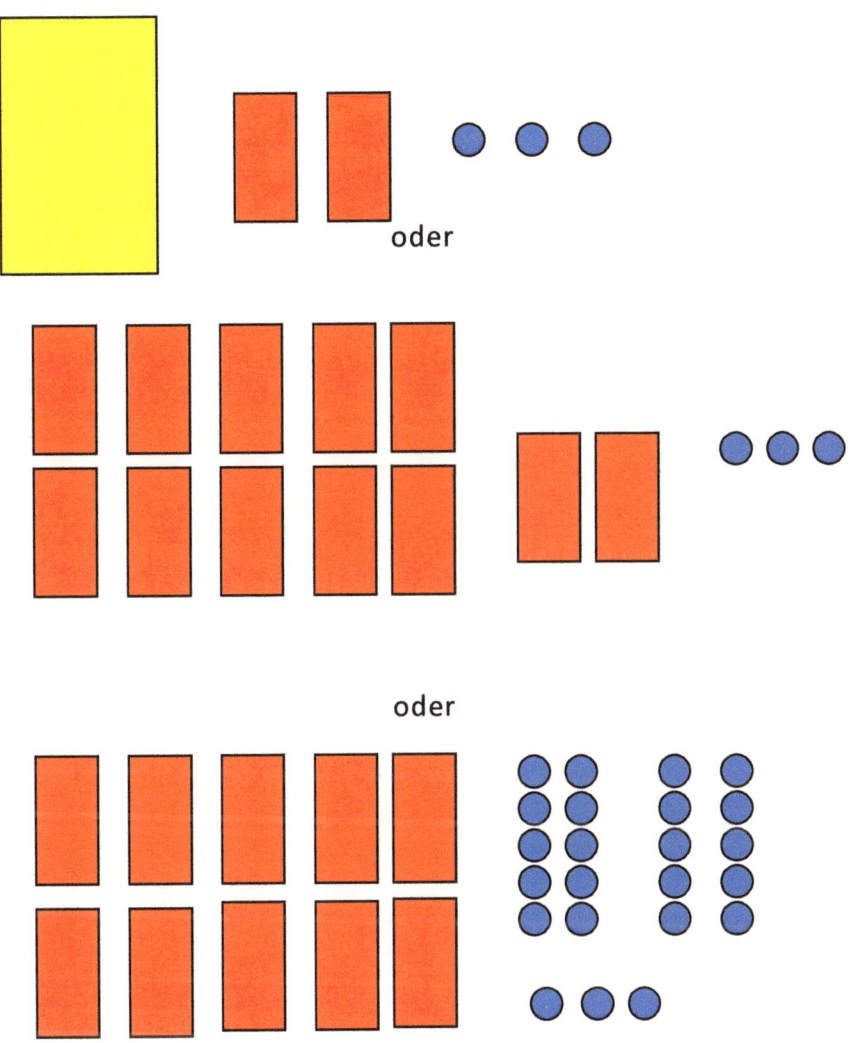

oder

oder

usw.

Übung 221: Gliedere auf diese Weise die Zahl 234!

Übung 222: Gliedere auf diese Weise die Zahl 345!

Übung 223: Gliedere auf diese Weise die Zahl 987!
usw.

2.42 Addition

Wir arbeiten zunächst mit Material.

Beispiel: 26 + 35 =
2 rote Kartons und 6 blaue Kreise + 3 rote Kartons und 5 blaue Kreise = 5 rote Kartons und 11 blaue Kreise. Zehn blaue Kreise werden in einen roten Karton umgetauscht. Somit liegen 6 rote Kartons und ein blauer Kreis da.

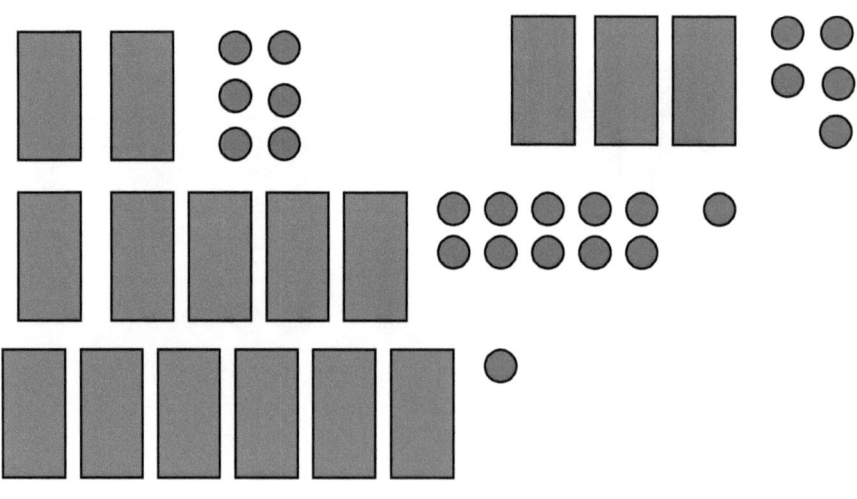

oder

$$26 + 35 = 5 \text{ Zehner} + 11 \text{ Einer}$$
$$= 6 \text{ Zehner} + \ 1 \text{ Einer}$$
$$= 61$$

Übung 224: Arbeite nun ebenso mit den Zahlenpaar 34 + 49!

Übung 225: Arbeite nun ebenso mit den Zahlen 145 +89!

Übung 226: Arbeite nun ebenso mit den Zahlen 245 + 891! usw.

Schriftliches Addieren

Beim schriftlichen Addieren zerlegen wir die Zahl nach E, Z, H usw. und zählen dann getrennt zusammen.

	12	1Z	2 E
	+ 23	+2Z	3E
	35	3Z	5E

Beispiel:

$$56$$
$$+ 67$$

$$123$$

Vorteilhaft ist folgende Redeweise:

6 und 7 ist 13, schreibe 3 und merke 1, 6 und 1 sind 7 und 5 sind 12 Zur Illustration ist es gut, auch nachträglich diese Aufgaben mit Rechenmaterial darzustellen. Also:

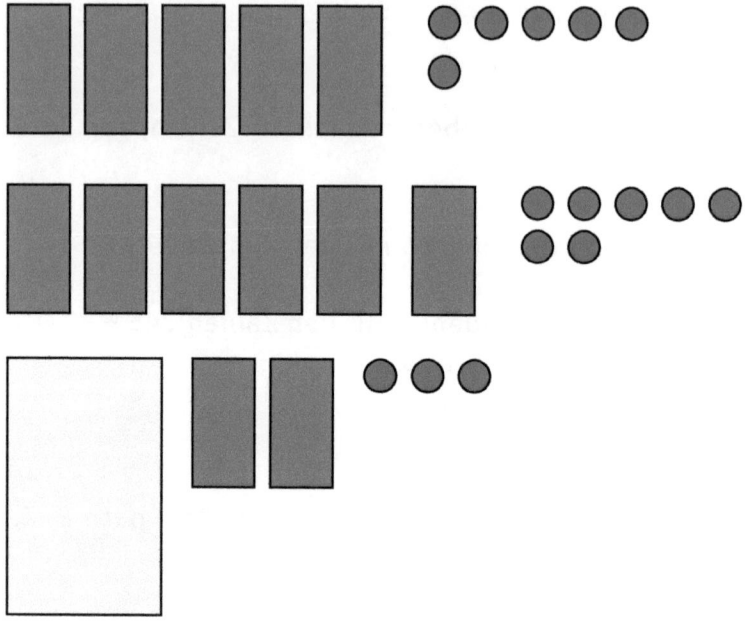

Übung 227: Rechne ebenso mit dem Zahlenpaar 12+23!

Übung 228: Rechne ebenso mit dem Zahlenpaar 23+34!

Übung 229: Rechne ebenso mit dem Zahlenpaar 88 + 89!

Übung 230: Rechne ebenso mit dem Zahlenpaar 478 +465! usw.

Übung 231: Rechne ebenso und lege die Aufgabe mit dem Rechenmaterial! 45+56

Übung 232: Rechne ebenso! 567+678

Übung 233: Rechne ebenso lege die Aufgabe mit dem Rechenmaterial aus. 1234+2345

2.43 Subtraktion

Schriftliche Subtraktionsaufgaben können ähnlich behandelt werden.

Beispiel: 35 - 26 =
- 3 rote und 5 blaue weg 2 rote und 6 blaue
- 3 rote weg 2 rote bleiben noch 1 rotes
- 1 rotes wird gegen 10 blaue umgetauscht, sodass die Aufgabe nun so aussieht:
- 15 blaue weg 6 blaue
- Es bleiben 9 blaue

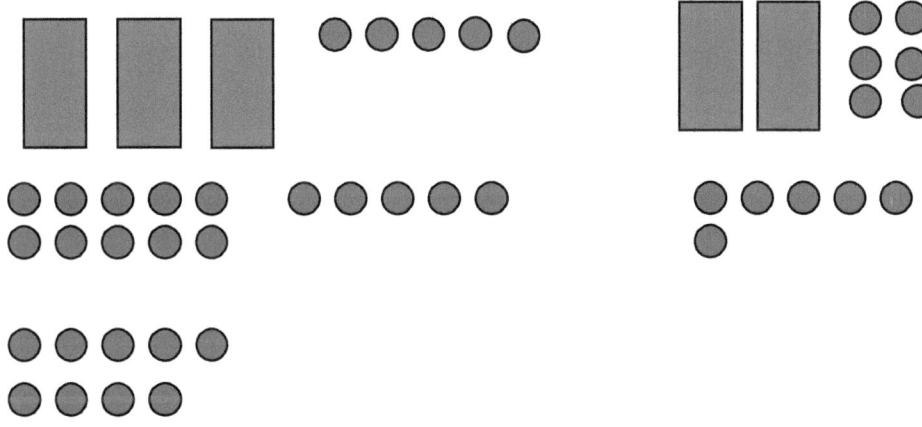

Die roten Kärtchen sind Zehner und die blauen Punkte Einer.

Dieser Vorgang kann folgendermaßen aufgeschrieben werden:

35	3 Z	5 E
- 26	-2 Z	6E

1Z geht nicht, wir müssen den Zehner in Einer umwandeln. Dann haben wir 15 - 6 = 9

35
- 26

9

Abgekürzt ist folgende Redeweise sinnvoll: Von 6 auf 5 geht nicht. Von 6 auf 15 = 9. Von 3 auf 3 ist 0.

Übungsbeispiel 234:

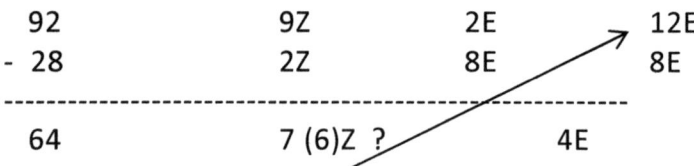

92	9Z	2E	12E
- 28	2Z	8E	8E
64	7 (6)Z ?		4E

Es zeigt sich, dass von 2 Einern keine 8 Einer abgezogen werden können. Deshalb „leiht" man sich einen Zehner aus und verwandelt diesen in Einer. Dann hat man 12 Einer weg 8 Einer ist 4 Einer. Bei den Zehnern hat man nun einen weniger, also 8 Zehner (der neunte ist ja ausgeliehen worden). 8 Zehner weg 2 Zehner sind 6 Zehner. Das Ergebnis ist also 6 Zehner und vier Einer.
Die übliche Redeweise beim halbschriftlichen Rechnen ist noch kürzer: 2 weg 8 geht nicht, aber 12 − 8 ist 4, der aus-

geliehene Zehner wird bei der 2 notiert, deshalb 9 weg 3 ist 6.

Wir stellen diese Subtraktionsaufgabe wieder mit Rechenmaterial dar. Das kann z.B. so aussehen:

Ausgangssituation: 92

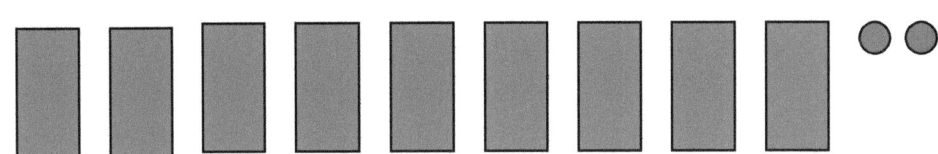

28 sollen abgezogen werden

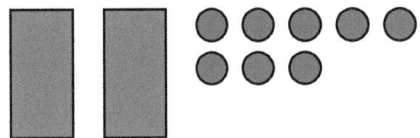

Rechnung: 92 -28 = 64

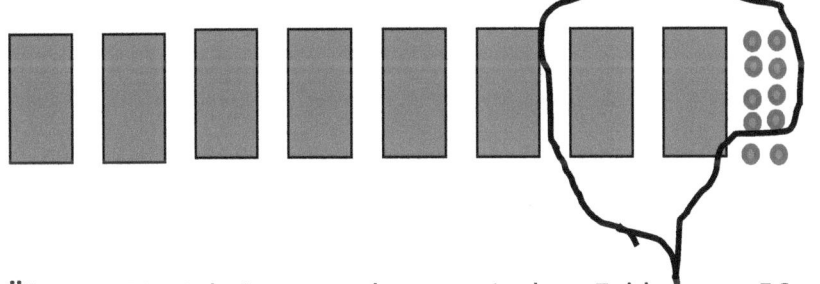

Übung 235: Arbeite nun ebenso mit dem Zahlenpaar 56 - 39!

Übung 236: Arbeite nun ebenso mit den Zahlenpaar 367 - 229!

Übung 237: Rechne ebenso und lege die Aufgabe mit dem Rechenmaterial aus. 92-19

Übung 238: Rechne ebenso und lege die Aufgabe mit dem Rechenmaterial aus. 234-123

Übung 239: Rechne ebenso und lege die Aufgabe mit dem Rechenmaterial aus. 567-378

Übung 240: Rechne ebenso und lege die Aufgabe mit dem Rechenmaterial aus. 2345-1234

Übung 241: Rechne ebenso und lege die Aufgabe mit dem Rechenmaterial aus. 3456-2897
usw.

2.44 Multiplikation

Bei der schriftlichen Multiplikation ist es wiederum nötig, die Stellen genau zu unterscheiden.

43*6	4Z*6	3E*6
258	24Z	18E
		(1Z+8E)
	25Z (2H+5Z) 8E	
2H	5Z	8E

4Z * 6

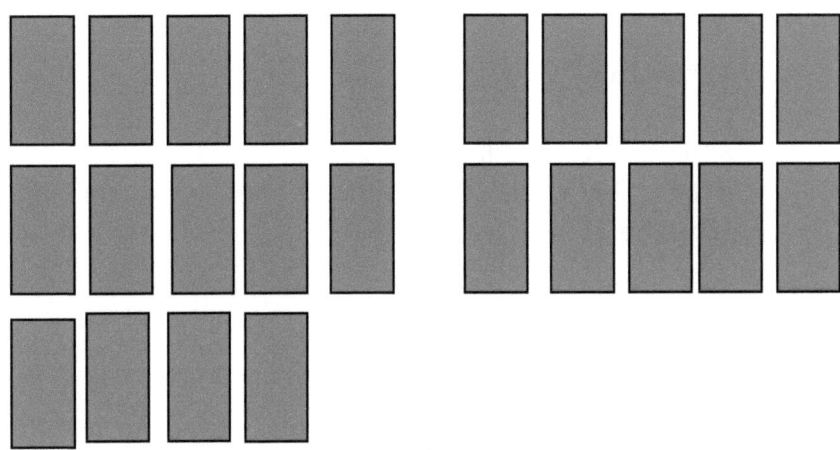

3E *6

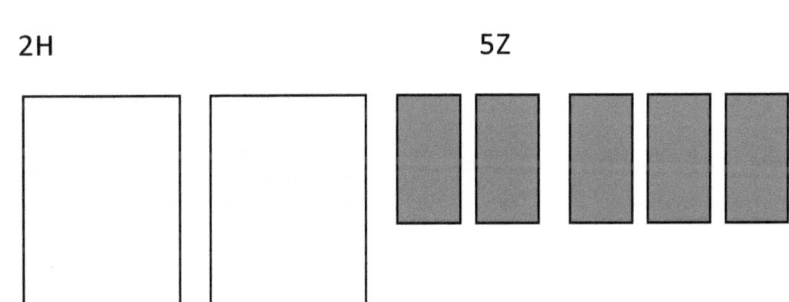

2H

5Z

8E

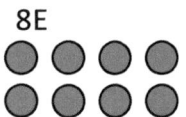

Beim halbschriftlichen Multiplizieren ist es sinnvoll mit den Einern zu beginnen und dazu zu sprechen:

43*6= 258

3*6 = 18, schreibe 8 merke 1 Z,
4*6= 24 + der gemerkte Zehner dazu sind 25, schreibe 25

Übung 242: Rechne und schreibe ebenso und lege die Aufgaben mit Rechenmaterial aus! 36*3

Übung 243: Rechne ebenso und lege die Aufgaben mit Rechenmaterial aus! 78*2

Übung 244: Rechne ebenso und lege die Aufgaben mit Rechenmaterial aus! 84*3

Übung 245: Rechne ebenso und lege die Aufgaben mit Rechenmaterial aus! 123*2

Übung 246: Rechne ebenso und lege die Aufgaben mit Rechenmaterial aus! 354*6
usw.

123 * 234 =

H	Z	E	*	H	Z	E
1	2	3	*	2	3	4
---	---	---	---	---	---	---
			4	9	2	
		3	6	9		
	2	4	6			

ZT	T	H	Z	E
	1	1		

2

8	7	8	2

Man spricht dazu:
3*4 = 12, schreibe 2, merke 1;
2*4 = 8 + 1 = 9; schreibe 9;
1*4 ist 4; schreibe 4,

3*3 = 9
2*3 =6
1*3 =3

2*3=6
2*2=4
1*2=2

Dann werden die einzelnen Stellen zusammengezählt und es ergibt sich 28782.
Gleichgültig, welche Methode verwendet wird, wichtig ist lediglich, dass die Ziffern die richtige Stelle repräsentieren

und man weiß, ob eine Ziffer eine Zehner, Hunderter oder Tausenderstelle bedeutet.

2.45 Division

Bei der schriftlichen Division sind die einzelnen Arbeitsschritte kompliziert zu beschreiben.
Als Beispiel nehmen wir die Aufgabe 314:2. Es wird bei den Hundertern begonnen.

314:2
3H:2=**1H**, Rest 1H Umwandeln des H, dann
11Z:2= 10:2=**5Z**,Rest 1Z, Umwandeln des Z,
14E:2=**7E**
314:2 = 1H, 5 Z, 7E = 157

Ausgangslage

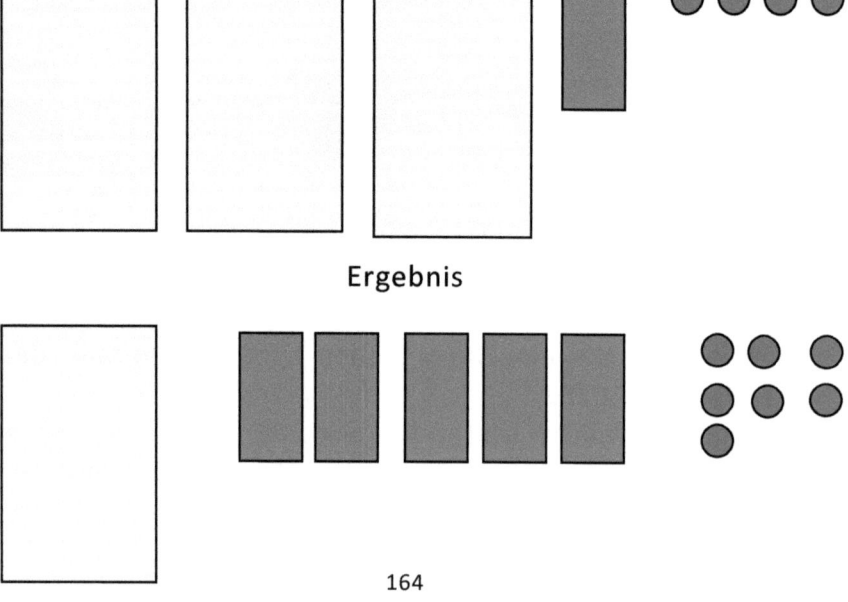

Ergebnis

Übung 247: Rechne ebenso und lege die Aufgaben mit Rechenmaterial aus! 42:2

Übung 248: Rechne ebenso und lege die Aufgaben mit Rechenmaterial aus! 86:2

Übung 249: Rechne ebenso und lege die Aufgaben mit Rechenmaterial aus! 99:3

Übung 250: Rechne ebenso und lege die Aufgaben mit Rechenmaterial aus! 376:2

Übung 252: Rechne ebenso und lege die Aufgaben mit Rechenmaterial aus! 314:2

Beim schriftlichen Teilen beginnt der Schüler bei den höchsten Stellen. Bei der Aufgabe 12345 : 3 beginnt er also mit der 12 und sagt: „ Wie oft geht die 3 in die 12 ?" Damit ist gemeint: „Wie oft geht die 3 in die Zahl 12000? Das Ergebnis 4 bedeutet dann 4000 mal. Das wird dadurch verdeutlicht, dass die Ziffer 4 an die entsprechende Stelle geschrieben wird.

12345 : 3 =

ZT	T	H	H	Z	E			T		H		Z		E
1	2	3	4	5		:		3	=	4		1		1	5

Begonnen wird bei der höchsten Stelle. Dann arbeitet man sich immer weiter bis zu den Einerstellen vor. Also:

3 geht in die 12 viermal, schreibe 4
3 geht in die Drei einmal, schreibe 1
3 geht in die Vier einmal; Rest1, schreibe 1
Der Rest 1 wird in Einer umgewandelt und man sagt
3 geht die Fünfzehn fünfmal, schreibe 5

also 4115

Eine etwas ausführlichere Schreibweise dieser Aufgabe ist folgende:

T	H	Z	E		E = THZE
12	3	4	5	:	3 = 4115
12					
0	3				
	3				
	0	4			
		3			
		1			
			15		
			15		
			--		

Der Schüler beginnt zunächst bei den Tausendern und spricht dazu: 3 geht in die 12 viermal, denn 3*4 =12. Beim Ergebnis wird rechts 4 bei den Tausendern geschrieben und 12 links bei den Tausendern. Dann folgen die Hunderter. 3 geht in die 3 einmal, denn 1*3 =3. Nachher sind es die Zehner. 3 geht in die 4 einmal Rest1. Denn 1*3 =3, bleibt ein Rest von 1. Schließlich ergibt sich bei den Einern, 3 geht in die 15 fünfmal, denn 3*5 =15.

Bei mehrstelligen Zahlen wird ähnlich vorgegangen. Bei der schriftlichen Division werden sämtliche Rechenarten (Division, Multiplikation Addition und Subtraktion) gebraucht.

Bei größeren Zahlen muss abgeschätzt werden, wie oft sie wohl in der entsprechenden Zahl enthalten ist.

Beispielsweise gilt es bei der Aufgabe 25914 : 21 abzuschätzen, wie oft die 21 in die 25, dann wie oft die 21in die 49 geht, usw. Dazu ist folgende Redeweise sinnvoll: Wie oft geht die 21 in die 25? Antwort: Einmal, denn einmal 21 ist 21, es bleibt ein Rest von 4. Wie oft geht die 21 in die 49? Ergebnis: Zweimal, denn 2*21 ist 42. Es bleibt ein Rest von 7. Wie oft geht die 21 in die 71? Ergebnis: Dreimal, denn 3 *21 ist 63. Es bleibt ein Rest von 8. Wie oft geht die 21 in die 84? Ergebnis: viermal, denn 4*21 ist 84. Es bleibt kein Rest mehr.

25914 :   21   =   1234
21
 49
 42
 71
 63
  84
  84
  - -

Auf diese Weise lassen sich Divisionsaufgaben mit großen Zahlen schriftlich berechnen.

Das schriftliche Rechnen ist ein mechanischer, kein kreativer Akt. Interessant lässt es sich gestalten, wenn die Aufgaben überraschende Ergebnisse liefern. Dazu seien entsprechende Aufgaben genannt.

2.46 Interessante schriftliche Rechenaufgaben:

Schriftliches Rechnen ist oft ein mechanisches langweiliges Unterfangen. Da ist es gut, wenn Aufgaben vorhanden sind, die überraschende Ergebnisse liefern.

Übung 253: Die Quersumme ergibt immer 18

```
11 * 234 = 2574        18
22 * 234 = 5148        18
33 * 234 =
44 * 234 =
55 * 234 =
usw.
```

Übung 254 :
```
9*0          + 1     = 1
9*1          +2      = 11
9*12         +3      = 111
9*123 +4     =
usw.
```

Übung 255:
```
9*1    = 9
```

```
9*12   = 108
9*123 = 1107
9*1234= 11106
usw.
```

Übung 256:

```
8*1   + 1 =  9
8*12  + 2 =        98
8*123 +3 =   987
usw.
```

Übung 257:

	*7	*77	* 7777	* 7777	*77777
13	91	1001	10101	101101	1011101
26	182	2002	20202	202202	2022202
39	273	3003	30303	303303	3033303
52					
65					
78					
91					
104					
117					
130					

Übung 258:

```
11*99 =1089:33    = 33 ( 3*11)
22*99 =2178:33    = 66 ( 3*22)
33*99 =3267:33    =99 ( 3*33)
```

usw.

Übung 259:

3	*37	=111
6	*37	=222
9	*37	=333
12	*37	
15	*37	
18	*37	
21	*37	
24	*37	
27	*37	
30	*27	

Übung 260:

33	*3367	=111111
66	*3367	=222222
99	*3367	=333333
132	*3367	=444444
165	*3367	=
198	*3367	=
231	*3367	=
264	*3367	=
297	*3367	=

III.KAPITEL

DIE BRÜCHE

Brüche in Bewegung
Stammbrüche im Bild
Brüche gliedern
Rechnen mit Brüchen
Verschiedene Brüche
Echte Brüche
Gemischte Zahlen,
Dezimalbrüche,
Prozentrechnen

3. DIE BRÜCHE

3.1 BRÜCHE IN BEWEGUNG

3.11 Brüche als Bruchteile (Erweitern und Kürzen)

Alle Dinge können in **Brüche oder Bruchteile** zerkleinert werden, die wiederum gezählt werden können. **Gegenständen** (Brötchen, Apfel usw.) werden in Teile zerbrochen. **Lebewesen** (Schafherde, Menschengruppe usw.) können in Teilgruppen aufgegliedert werden. Geometrischen Figuren (Kreis, Rechteck, Dreieck) können halbiert, gedrittelt, usw. werden. **Mengen beliebiger Elemente** (Bausteine, Steckwürfel usw.) lassen sich in Teilmengen zerlegen. Die Größe von Brüchen wird aufgeschrieben: Ein halbes Brötchen (½), ein Viertel Apfel (¼), ein Drittel Glas Orangensaft (1/3), die Hälfte eines Bleistifts (½), ein Fünftel einer Gruppe (1/5).

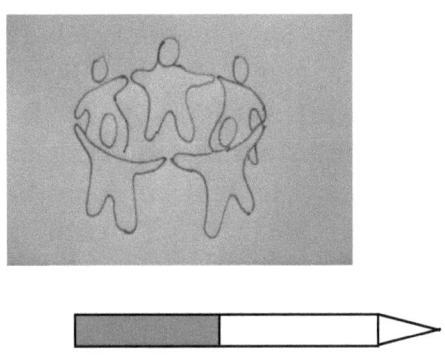

Übung 261: Denke Dir weitere Bruchteile aus und zeichne sie!

Bei der mathematischen Einführung der Brüche wird oft der konkrete, bildhafte Ansatz benutzt. Da bringt vielleicht der Lehrer einen Kuchen mit, welcher nun in Bruchteile geschnitten und in der Klasse verteilt wird.

Der Kuchen wird vielleicht halbiert, geviertelt, geachtelt und schließlich in sechzehn oder zweiunddreißig Teile geteilt. Da erleben die Schüler sehr konkret die Bruchteile eines Ganzen.

Um ein sicheres Gefühl für das Rechnen mit Brüchen zu entwickeln, ist es immer wieder nötig, sich auf die bildhafte Sprache zu besinnen und nicht sofort nur noch die abstrakte Symbolsprache zu verwenden.

Bei der Aufgabe ½ +1/3 kann zunächst einmal eine Hälfte und ein Drittel bildhaft dargestellt werden, z.B. als Bruchteile eines Kreises. Dann wird geschaut, welche Teilung vorgenommen werden kann, dass die beiden Brüche vergleichbar werden. Es zeigt sich, dass bei eine „Sechserteilung" dies möglich macht.

In bildhafter Sprache lässt sich das auch so ausdrücken: „Wir suchen eine Zahl, von der sowohl Hälften als auch Drittel gebildet werden können. Der Schüler beginnt mit der Zahl „1" und stellt fest, da lassen sich weder Hälften noch Drittel bilden. Die Zahl „2" kann halbiert, aber nicht gedrittelt werden. Die Zahl „3" kann man dritteln, aber nicht halbieren, die Zahl „4" lässt sich halbieren, aber nicht dritteln. Bei der Zahl"5" ist gar nichts möglich. Bei der Zahl „6" lässt sich eine Hälfte, nämlich „3", und auch ein Drittel, nämlich „2", bilden.

So ist in bildhafter Sprache zum Ausdruck gebracht, warum ein gemeinsamer Nenner gesucht werden muss, um Brüche erweitern zu können.

In der abstrakten Symbolsprache heißt das: Suche den gemeinsamen Nenner von ½ und 1/3 sagen. Dieser ergibt sich aus dem kleinsten gemeinsamen Vielfachen der beiden Brüche. Bei dieser Aufgabe ist das die Zahl 6. Erweitere ½ auf 6, indem Du Zähler und Nenner mit 3 malnimmst. Erweitere 1/3 mit der Zahl 2. Die Addition von 2/6 und 3/6 ergibt 5/6.

Kinder haben ein anschauliches Bewusstsein, das mit konkreten, inneren Bildern arbeitet. Viele Schüler sind durch abstrakte Redeweisen und Symbole überfordert. Sie haben dannden Eindruck, dass sie Bruchrechnen nicht verstehen können.

Die Kunst besteht darin, den natürlichen bildhaften Bewusstseinszustand der Kinder in diesem Alter zu berücksichtigen und als Lehrer oder Lerntherapeut selbst die bildhafte Sprache wiederzugewinnen. Am Ende dieses Prozesses mag dann das abstrakte Symbol und die Formeln für die Rechenarten von Brüchen stehen.

Wird bei den Brüchen mit gegenständlichem oder grafischen Material gearbeitet, ist die bildhafte Vorstellung gleichsam von alleine da.

Das Zeichnen geometrischer Formen, die geteilt werden, ist eine gute Möglichkeit Brüche ins Bild zu bringen. Hälften lassen sich als Teile eines Kreises oder Quadrats oder sogar eines Dreiecks zeichnen.

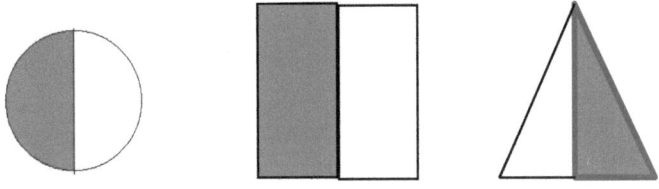

Stammbrüche sind anschaulich in Kreisform darzustellen.

Übung 262: Zeichne die Stammbrüche in Kreisform!

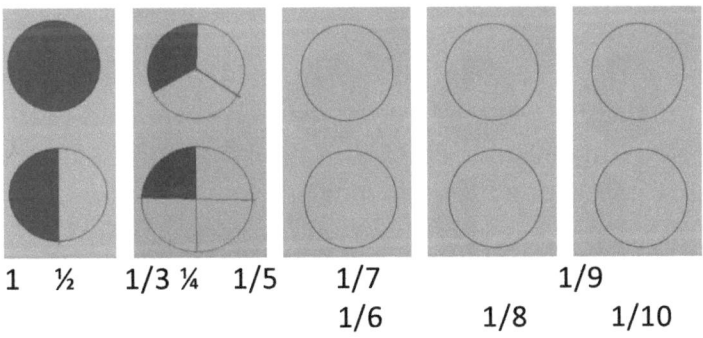

1   ½   1/3 ¼   1/5   1/7   1/9
                          1/6   1/8   1/10

Übung 263: Zeichne die Stammbrüche in eine rechteckige Form!

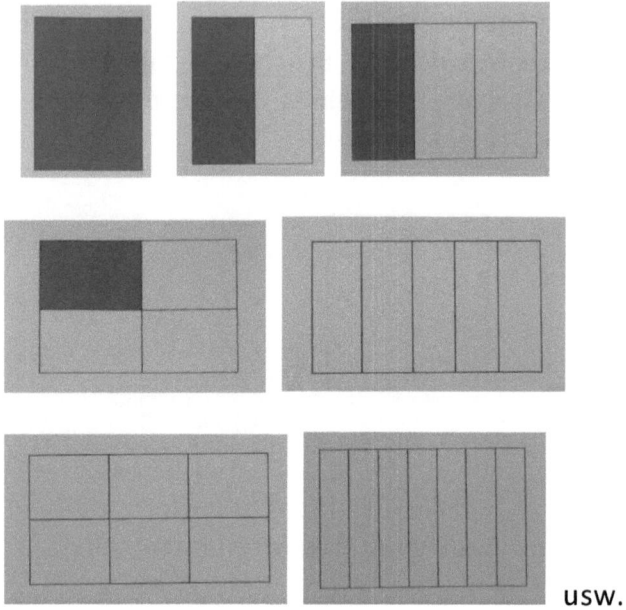

usw.

Übung264: Zeichne die Stammbrüche als Mengenanteil!

Um Brüche auch als Anteile einer Menge darzustellen, kann mit allen möglichen Gegenständen gearbeitet werden (Bausteine, Perlen Kugeln oder Steckwürfel). Oft genügt es auch schon, wenn mit folgender einfacher Zeichnung zu arbeiten.

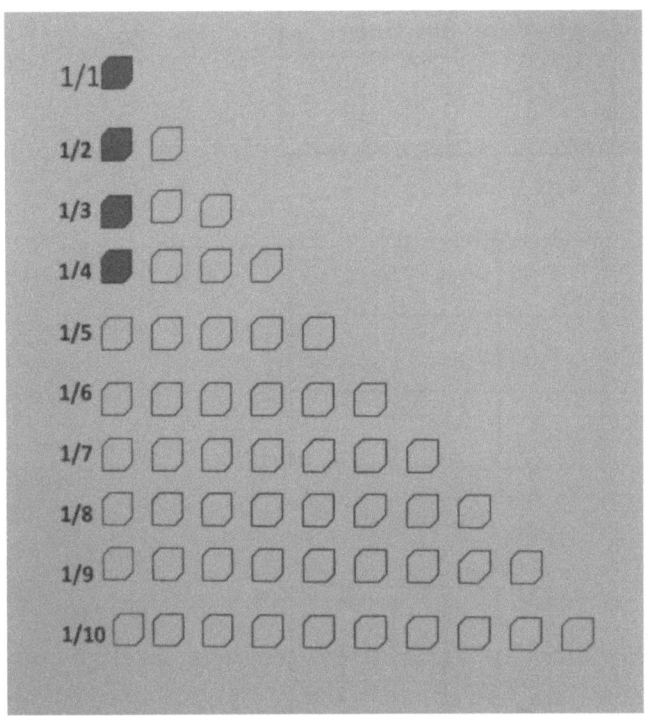

Auch die Erweiterung von Brüchen lässt sich zeichnerisch gut darstellen. Es wird ein vorgegebener Bruch (z.B. eine Hälfte) in verschiedener Weise untergliedert.

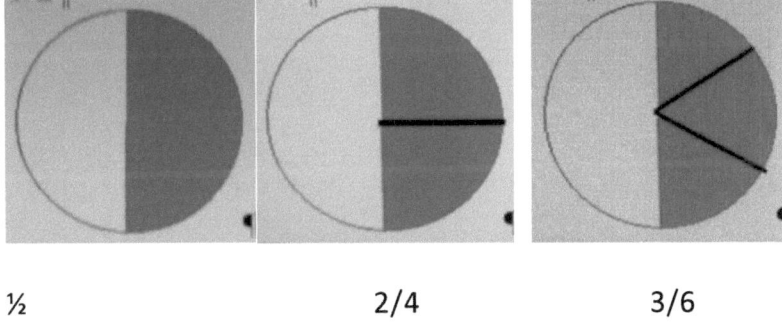

½   2/4   3/6

Übung264: Untergliedere die Hälfte weiter als 4/8, 5/10, 6/12, 7/14, 8/16, 9/18, 10/20   usw.

Übung 265: Arbeite nun ebenso mit einem Rechteck und bilde ½, 2/4, 3/6, 4/8 usw.!

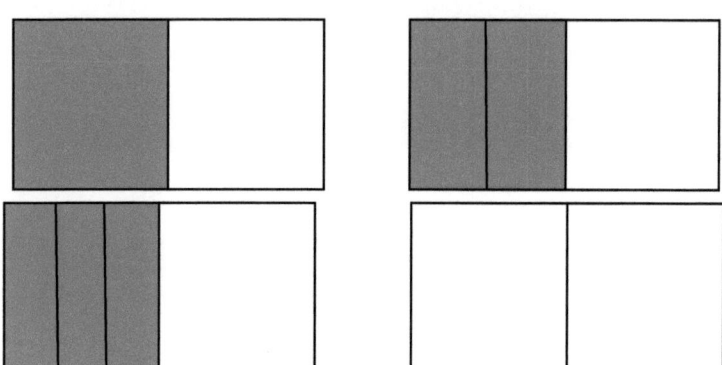

Brüche können auch als Teile einer größeren Menge verstanden werden. Sie lassen sich dann beispielsweise mit Steckwürfeln darstellen.

Übung266: Bilde Hälften von verschiedenen Mengen!

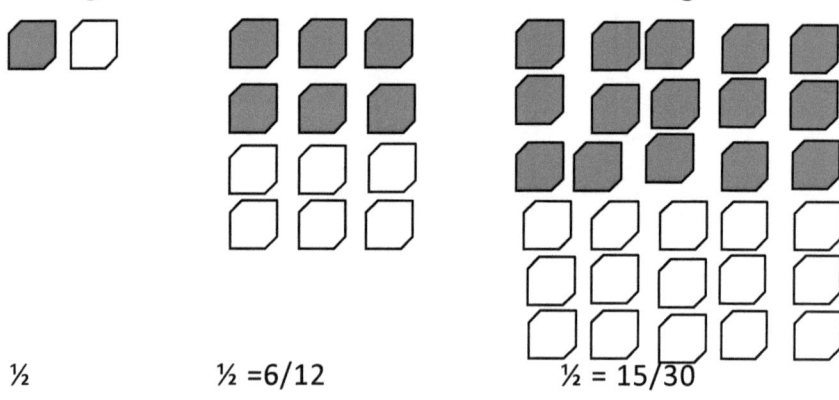

½   ½ =6/12   ½ = 15/30

Lege (wie oben) mit Steckwürfeln weitere Hälften: 2/4 3/6 4/8 5/10 6/12 usw.

Erweitern heißt „von einem Bruchteil immer feinere Untergliederungen machen". **Kürzen** bedeutet, „die feinen" Unterteilungen zurück zu nehmen.

Wenn 5/10 auf ½ oder 1000/3000 auf 1/3 gekürzt werden, wird diese Unterteilung wieder rückgängig gemacht.

Übung 267: Hälften als Divisionen mit der Zahl 2.

Die Hälfte von 2 ist 1

       2:2=1   ½ von 2 =1

Die Hälfte von 8 ist 4

       8:2=4   ½ von 8 =4

Die Hälfte von 100 ist 50

       100:2=50   ½ von 100 =50

Die Hälfte von 10 ist ….

………………….. …………………..

Die Hälfte von 22 ist ….

………………….. …………………..

Die Hälfte von 34 ist ….

………………….. …………………..

Die Hälfte von 98 ist ….

………………….. …………………..

Die Hälfte von 120 ist ….

………………….. …………………..

Die Hälfte von 246 ist ….

………………….. …………………..

Die Hälfte von 1336 ist ….

………………….. …………………..

In ähnlicher Form lassen sich Drittel zeichnen und bestimmen.

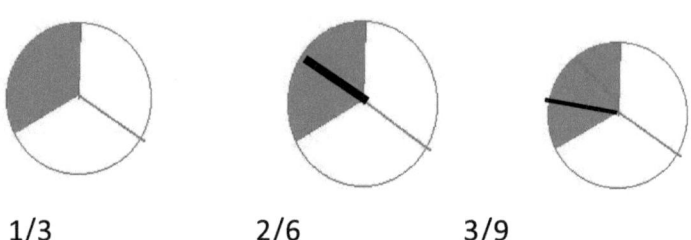

1/3   2/6   3/9

Übung 268: Zeichne weitere Drittel in Kreisform 4/12, 5/15,6/18 usw.!

Übung 269: Zeichne weitere Drittel in Rechteckform!

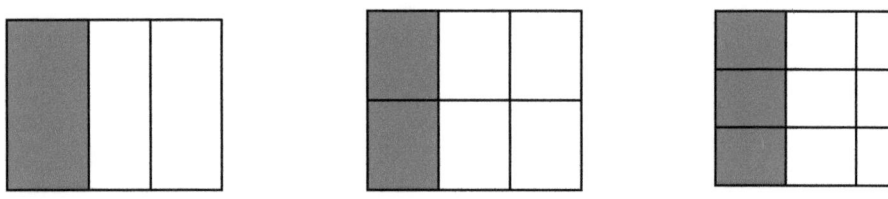

Übung 270: Bilde weitere Drittel als Teile einer Gesamtheit mit Steckwürfeln!

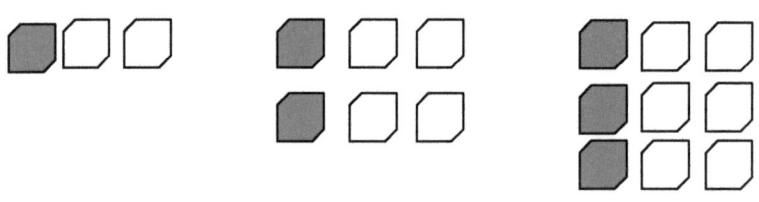

Übung 271: Drittel als Divisionen mit der Zahl 3

Schreibe beliebige durch drei teilbare Zahlen auf. Bilde Drittel, indem Du die Zahl durch Drei teilst.

Ein Drittel von 3 ist 1

3:3=1   1/3 von 3 =1

Ein Drittel von 12 ist 4

12:3=4   1/3 von 12 =4

Ein Drittel von 30 ist 10

30:3=10   1/3 von 30 =10

Übung 272: Viertel zeichnen und schreiben
Übung 273: Fünftel zeichnen und schreiben
Übung 274: Sechstel zeichnen und schreiben
Übung 275: Siebtel zeichnen und schreiben
Übung 276: Achtel zeichnen und schreiben
Übung 277: Neuntel zeichnen und schreiben
Übung 278: Zehntel zeichnen und schreiben

In abstrakter Symbolsprache bedeutet Erweitern Zähler und Nenner eines Bruches mit der gleichen Zahl mal zunehmen.

Übung 279: Erweitere ½, indem Du Zähler und Nenner mit der gleichen Zahl malnimmst!

½ mit 2 erweitern: 1*2/2*2= 2/4
½ mit 3 erweitern: 1*3/2*3 = 3/6
½ mit …..erweitern: ………………………………
½ mit …..erweitern: ………………………………

½ mit …..erweitern: …………………………………………

½ mit …..erweitern: …………………………………………

½ mit …..erweitern: …………………………………………

½ mit …..erweitern: …………………………………………

½ mit …..erweitern: …………………………………………

½ mit …..erweitern: …………………………………………

Übung 280: Erweitere 1/3, indem Du Zähler und Nenner mit der gleichen Zahl malnimmst!

1/3 mit 2 erweitern: 1*2/3*2 = 2/6

1/3 mit 3 erweitern: 1*3/3*3 = 3/9

1/3 mit …..erweitern: …………………………………………

1/3 mit …..erweitern: …………………………………………

1/3 mit …..erweitern: …………………………………………

1/3 mit …..erweitern: …………………………………………

1/3 mit …..erweitern: …………………………………………

1/3 mit …..erweitern: …………………………………………

1/3 mit …..erweitern: …………………………………………

Übungen 281: Erweitere in ähnlicher Form alle Stammbrüche!

……………………………………………………………

……………………………………………………………

……………………………………………………………

……………………………………………………………

……………………………………………………………

……………………………………………………………

……………………………………………………………

……………………………………………………………

……………………………………………………………

Kürzen bedeutet in abstrakter Symbolsprache Zähler und Nenner eines Bruches mit der gleichen Zahl teilen.

Übung 282: Kürzen auf den Stammbruch 1/2

500/ 1000 = 500:500/1000:500 = 1/2
100/200   = ...
50/100   = ...
25/50 = ...
10/20 = ...

8/16   = ...
7/14   = ...
6/12   = ...
5/10   = ...
2/4   = ...

Übung 283: Kürzen auf den Stammbruch 1/3
Ähnliche Kürzungen kann man mit Stammbrüchen machen, die durch drei teilbar sind.

500/ 1500 = 500:500/1500:500 = 1/3
100/300   = ...
50/150   = ...
25/75 = ...
10/30 = ...
8/24   = ...
7/21   = ...
6/18   = ...
5/15   = ...
2/6   = ...

Übung 284: Kürzen mit anderen Stammbrüchen.

Übung 285 : Kürzungen von Brüchen mit schwierigen Kürzungszahlen

61/122 (Kürzungszahl 61) =
17/51 (Kürzungszahl 17) =
43/129 (Kürzungszahl 43) =
23/92   (Kürzungszahl 23) =
19/95   (Kürzungszahl 19) =
273/455 (Kürzungszahl 91) =
usw.

Oft kann die Kürzungszahl nicht sofort erkannt werden, besonders wenn es sich um größere Primzahlen handelt. Dabei ist es gut, die Teilungsregeln zu kennen.

Teilungsregeln:

Teilungsregel für die 2: Gerade Zahlen
Teilungsregel für die 3: Quersumme ist durch 3 teilbar, z.B. 5679
Teilungsregel für die 4: Die letzten beiden Ziffern müssen durch vier teilbar sein
Teilungsregel für die 5:alle Fünferzahlen, also Endziffer 5 oder 0
Teilungsregel für die 6: Sie muss durch 2 und 3 teilbar sein
Teilungsregel für die 7:
Teilungsregel für die 8: Wenn die letzten drei Ziffern durch 8 teilbar sind

Teilungsregel für die 9: die Quersumme muss durch 9 teilbar sein
Teilungsregel für die 10: Wenn die letzte Ziffer eine 0 ist
Teilungsregel für die 11: Wenn die alternierende Quersumme durch 11 teilbar ist

Übung 286: Mit welchen Zahlen sind folgende Zahlen teilbar?

Beispiel: 24 ist teilbar durch 2,3,4,6,8,12 Arbeite nun ebenso:
60
120
144
504
Usw.

3.2 RECHNEN MIT BRÜCHEN (RECHENARTEN)

Die Grundrechenarten der Addition, Subtraktion, Multiplikation und Division von Brüchen sollte längere Zeit konkret bildhaft gepflegt werden, bevor zu abstrakten Algorithmen übergegangen wird.

3.21 Addition und additive Zerlegungen:

Auch bei der Addition von Brüchen ist es sinnvoll, erst einmal vom Ganzen auszugehen. Das übliche Addieren einzelner Brüche kann dann in einem zweiten Schritt erfolgen.

Beispielsweise kann der Lernende von einem Ganzen in Form 36/36 ausgehen und nun daraus Bruchteile bilden.

36/36 = 1

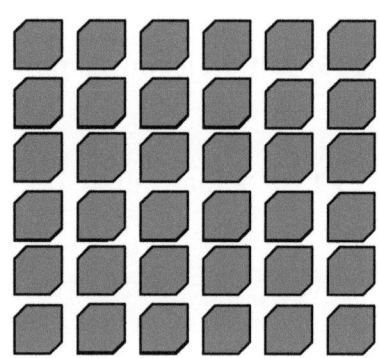

36/36 = 18/36 + 18/36 oder = ½ + ½

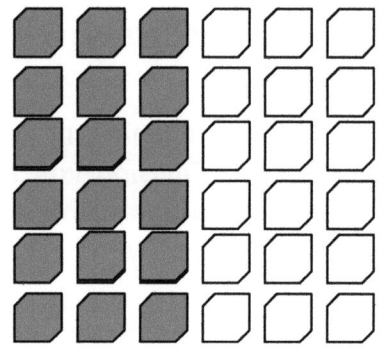

36/36 = 9/36+27/36 oder ¼ + ¾

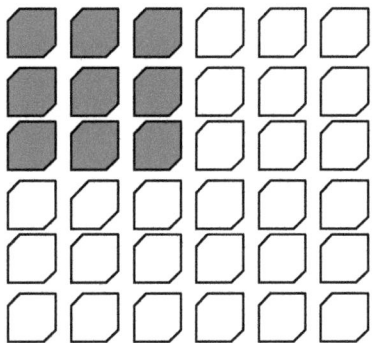

Übung 287: Nimm weitere additive Zerlegungen mit 36/36 vor!

Übung 288: Übe weitere additive Zerlegungen! Verwende die Bruchzahlen 24/24, 48/48, 60/60, 100/100 usw.!

Das übliche Addieren einzelner Brüche kann auch zunächst bildhaft erfolgen. Dazu einige Beispiele.

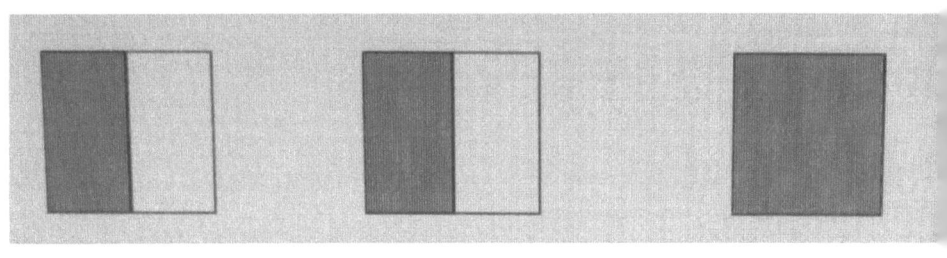

Hälfte +   Hälfte =   ein Ganzes
½   +   ½   =   1

Ein Viertel und eine Hälfte ergeben ein Dreiviertel.

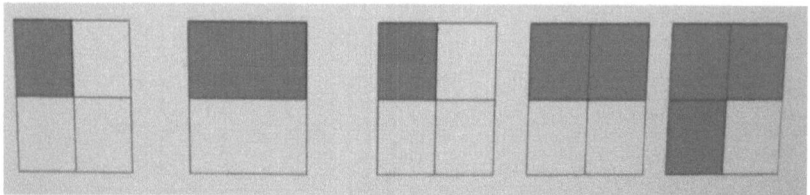

Um ½ und ¼ zusammen zu zählen, wird die Hälfte als zwei Viertel vorgestellt. Die zwei Viertel, die vorher unsere Hälfte waren und das eine Viertel, das wir dazuzählen, ergeben drei Viertel.
In Symbolsprache ¼ + ½(2/4) = 3/4

    Die Additionsaufgabe 1/3 +1/2 kann so gezeichnet werden:

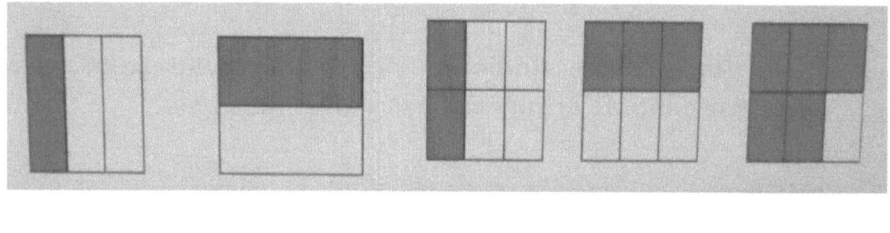

1/3   ½   2/6 + 3/6 =   5/6

    Additionen mit Brüchen lassen sich auch gut mit Steckwürfeln darstellen.

Übung 289: Additionen mit Brüchen mit ½. Zeichne und rechne!
½ +1/5
½ +1/6

½ +1/7
½ +1/8
usw.

Übung 290: Additionen mit Brüchen mit 1/3. Zeichne und rechne!
1/3+1/4
1/3+1/5
1/3+1/6
1/3+1/7
1/3+1/8
usw.

Übung 291: Additionen mit Brüchen mit ¼. Zeichne und rechne!

1/4+1/4
1/4+1/5
1/4+1/6
1/4+1/7
1/4+1/8
usw.

Übung 292 Weitere Additionen von Brüchen. Nimm selbst irgendwelche Brüche und addiere sie wie oben.

Neben dem Rechnen mit bildhaftem Material, gilt es auch den abstrakten Algorithmus zu beherrschen. Bei der Aufgabe ½ + 1/3 heißt das:

½ +1/3 = 1*3/2*3 + 1*2/3*2 = 3/6 + 2/6 = 5/6

3.22 Subtraktion und subtraktive Bruchzerlegungen

Beim Subtrahieren von Brüchen ist es wieder möglich, zunächst von „Ganzheiten" auszugehen.

1 oder 16/16

Von einer Ganzheit wird ein Teil abgezogen. Dabei sind verschiedene Darstellungsformen möglich.

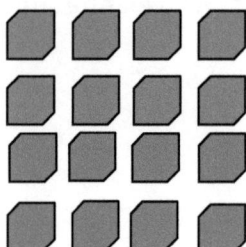

16/16 - 8/16 = 8/16 oder 1 - ½ = ½

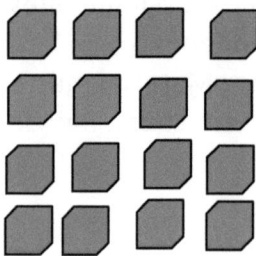

16/16 - 4/16 = 12/16 oder 1-¼ = ¾

Eine Aufgabe wie ½ - ¼ = ¼ lässt sich graphisch auch so darstellen:

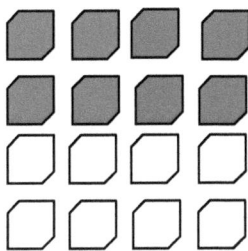

½ - ¼ =1/4

Übung 293: Subtraktionen von ½. Zeichne und rechne wie oben!

½ -1/5
½ -1/6
½ -1/7
½ -1/8
usw.

Übung 294: Subtraktionen von 1/3. Zeichne und rechne wie oben!

1/3-1/4
1/3-1/5
1/3-1/6
1/3-1/7
1/3-1/8 usw.

Beim klassischen Subtrahieren von Brüchen kann man sagen:
1/3 ist nicht ohne weiteres von ½ abziehbar. Wir müssen erst beide Teile vergleichbar machen, indem wir beide Brüche gleichnamig machen.

$$½ (3/6) - 1/3(2/6) = 1/6$$

In abstrakter Sprechweise heißt das: Suche den gemeinsamen Nenner als kleinstes gemeinschaftliches Vielfaches. Dieser ist Sechs. Erweitere ½ mit 3 und erweitere 1/3 mit 2. Es ergibt sich 3/6, bzw. 2/6. Du kannst jetzt schreiben:

½ - 1/3 = 1*3/2*3 - 1*2/3*2 = 3/6 - 2/6 = 1/6

3.23 Multiplikation und multiplikative Bruchzerlegungen.

Bei der Multiplikation von natürlichen Zahlern ergeben sich beim Malnehmen immer größere Zahlen. Wenn ich zweimal sechs Äpfel nehme, habe ich doppelt so viel, also 12 Stück. Wenn ich dreimal 6 Äpfel nehme, sind es schon 18, usw.
Bei der Multiplikation von Brüchen ergeben sich immer kleinere Zahlen. Wenn von einer Hälfte die Hälfte genommen wird, ist nur noch ein Viertel da. Das können wir auch zeichnen.

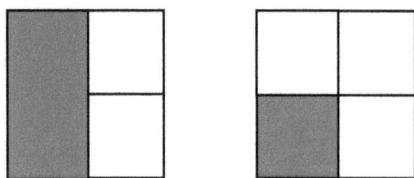

Die Hälfte von einer Hälfte ist ein Viertel.

½ * ½ = ¼

Wenn von einem Drittel die Hälfte genommen wird, bleiben nur noch halb so viel, nämlich ein Sechstel, übrig.

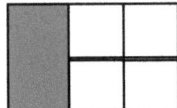 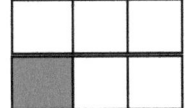

Rechne und zeichne nun ebenso!

Übung 295: Multiplikationen mit 1/2

½ *1/4
½ *1/5
½ *1/6
½ *1/7
½ *1/8
usw.

Übung 296: Multiplikationen mit 1/3

1/3*1/4
1/3*1/5
1/3*1/6
1/3*1/7
1/3*1/8
usw.

Übung 297: Multiplikationen mit 1/4

¼*1/4
¼*1/5
¼*1/6
¼*1/7
¼*1/8
usw.

Die abstrakte Rechenregel für die Multiplikation heißt: Beim Malnehmen zweier Brüche müssen die beiden Zähler und die beiden Nenner malgenommen werden.

Also ½ * 1/3 = 1*1/2*3 = 1/6.

3.24 Divisionen von Brüchen

Beim ganzheitlichen Vorgehen der Division wird vom „Enthalten sein" einer kleineren Menge in einer größeren ausgegangen. Bei der Aufgabe ½ : ¼ würde man bildhaft formulieren: Wie oft ist ein Viertel in einer Hälfte enthalten?

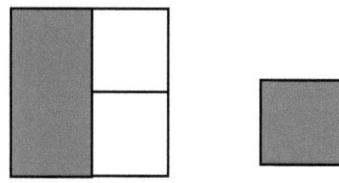

½ : ¼ = 2

Es zeigt sich, dass ein Viertel zweimal in die Hälfte passt

Die Aufgabe ½ : 1/8 bedeutet: Wie oft geht denn 1/8 in die Hälfte hinein? Es zeigt sich, dass ein Achtel viermal in einer Hälfte enthalten ist.

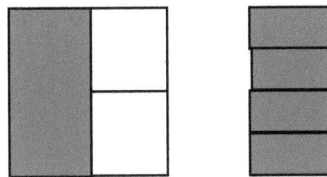

½ : 1/8 = 4

Bei der Aufgabe 1/3 : 1/12 ist die Frage: Wie oft geht ein Zwölftel in ein Drittel hinein? Das könnte so dargestellt werden.

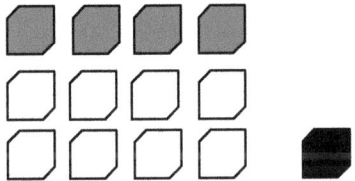

Es zeigt sich, dass 1/12 viermal in ein Drittel hineingehen.

Als Rechnung geschrieben:

1/3 : 1/12 = 4

Die abstrakte Rechenregel lautet: Bei der Division von Brüchen muss Zähler mal Nenner und Nenner mal Zäh-

ler malgenommen werden. Anders ausgedrückt: Zähler und Nenner müssen überkreuzt malgenommen werden.
Nicht immer ergeben sich ganze Zahlen als Ergebnis. Bei der Aufgabe ½ : 1/3 wird dies deutlich. Wir zeichnen eine Hälfte und schauen wie oft ein Drittel in diese Hälfte passt. Wir sehen, dass ein Drittel ein ganzes Mal und ein halbes Mal in diese Hälfte passt. Das Ergebnis ist also 1 ½ oder 3/2.
Als Rechnung geschrieben:

½ : 1/3 = 3/2 oder 1 ½

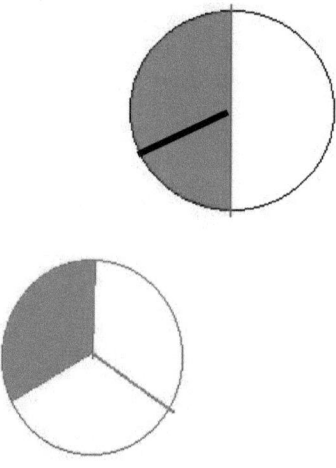

Übung 298 : Teilungsaufgaben mit ½.
Zeichne und rechne ebenso!

½ :1/4
½ :1/5
½ :1/6

½ :1/7
½ :1/8
usw.

Übung 299: Teilungsaufgaben mit 1/3. Zeichne und rechne
ebenso!

1/3:1/4
1/3:1/5
1/3:1/6
1/3:1/7
1/3:1/8
usw.

Übung 300: Teilungsaufgaben mit ¼

¼:1/4
¼:1/5
¼:1/6
¼:1/7
usw.

3.3 VERSCHIEDENE BRÜCHE

Es gibt verschieden Arten von Brüchen: **echte Brüche, De-zimalbrüche und Prozentzahlen.** Diese werden verschieden geschrieben. Die ersten als Brüche, die zweiten als Komma-zahlen und für die Prozentzahlen hat man eine eigenes Symbol (nämlich %).
In der graphischen Darstellung sehen ½, 0,5 und 50 % gleich aus. Aber sie beziehen sich auf eine andere Form der Bruchgliederung.

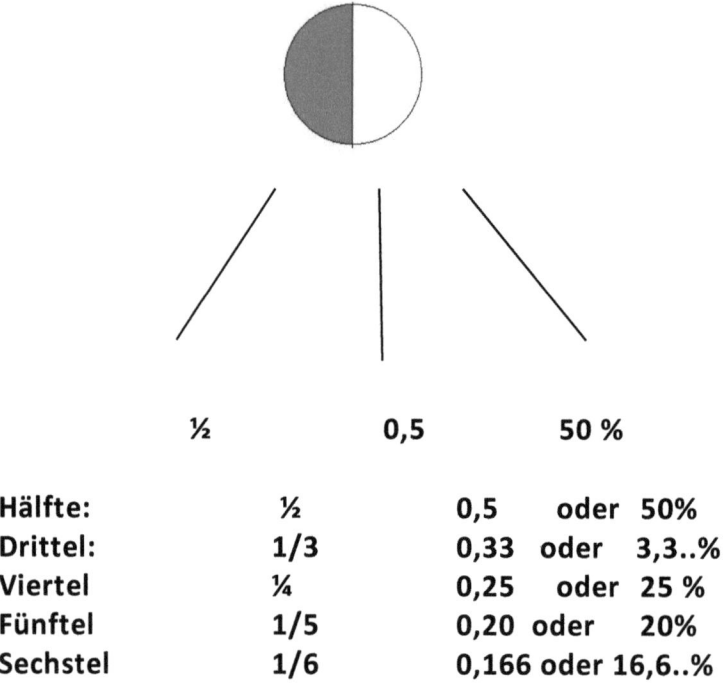

	½	0,5	50 %

Hälfte:	½	0,5	oder 50%
Drittel:	1/3	0,33	oder 3,3..%
Viertel	¼	0,25	oder 25 %
Fünftel	1/5	0,20	oder 20%
Sechstel	1/6	0,166	oder 16,6..%

Siebtel	1/7	0,142857oder	14,2857%
Achtel	1/8	0,125	12,5 %
Neuntel	1/9	0,111	11,11..%
Zehntel	1/10	0,1	10%

3.31 Gemischte Zahlen

Natürliche Zahlen und Bruchzahlen können als „gemischte Zahlen" kombiniert werden. Ein Ganzes (ganzer Kuchen) und ein Halbes (halber Kuchen) ist ein Beispiel für diese Art von Zahlen. Man kann schreibt dann 1 ½ .

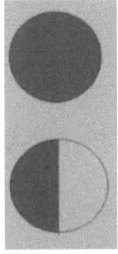

Oder als Rechteck dargestellt

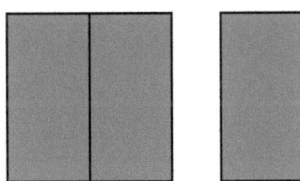

Als weiteres Beispiel lassen sich drei Äpfel und noch ein Dreiviertel Apfel vorstellen. (3 ¾).

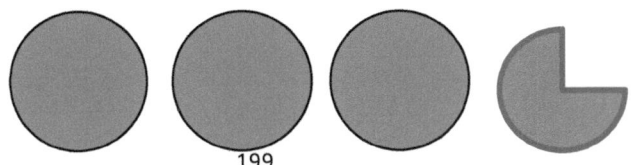

Mit Hilfe von Einzelelementen oder Steckwürfeln lässt sich der gemischten Bruch 3 3/4 so darstellen. :

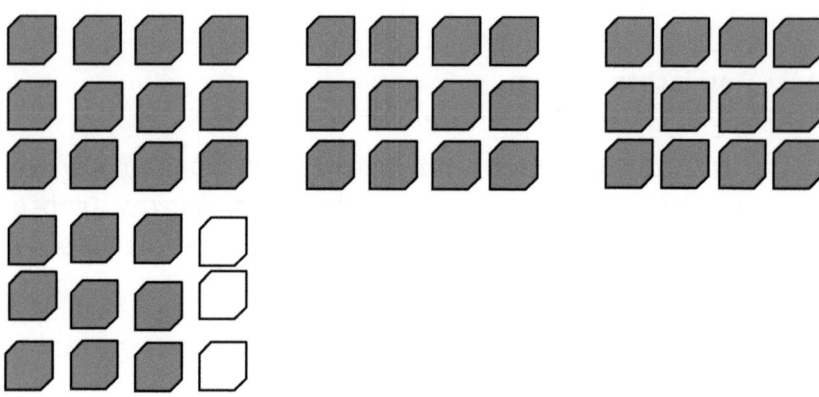

Übung 301: Stelle folgende gemischte Zahlen mit Rechenmaterial dar!

2 ¾
3 1/5
4 2/3
5 3/4
usw.

Das Addieren von gemischten Zahlen sieht dann so aus:

Beispiel: 1 ½ + 1 ¾ =

1 ½ +   1 ¾

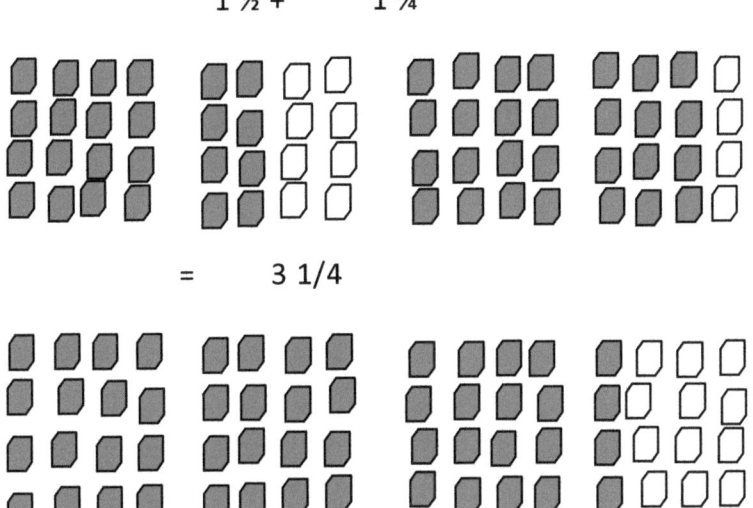

=   3 1/4

Die ganzen Zahlen und Bruchteile werden einzeln addiert.

1 ½ + 1 ¾ = 2 Ganze und ½ + ¾ (5/4) = 3 1/4

Beim abstrakten Rechnen ist es am leichtesten die ganzen Zahlen in Bruchteile zu verwandeln und dann zu addieren, also:

1 ½ (3/2) + 1 ¾ (7/4) = 6/4 +7/4 = 13/4 = 3 ¼

Übung 302: Führe solche Additionen mit gemischten Zahlen durch!

1 ½ + 2 ¾
2 ¾ + 3 1/6
3 1/5 + 4 1/10
usw.

Beim Subtrahieren kann ähnlich vorgegangen werden. Es können die Ganzen subtrahiert werden und dann die Bruchteile. Also:

3-1 = 2 und ½-1/4 = ¼, das ergibt 2 ¼

Es ist auch hier möglich die ganzen Zahlen in Bruchteile zu verwandeln und dann zu subtrahieren:

3 ½ - 1 ¼ = 7/2 – 5/4 = 14/4 – 5/4 = 9/4 = 2 ¼

Übung 303: Führe Subtraktionen mit gemischten Zahlen durch!

2 ¾ - 1 ½
3 1/6 - 2 ¾
4 1/10 - 3 1/5
usw.

Bei der Multiplikation und Division gemischter Zahlen ist das bildhafte Vorgehen recht komplex. Das kann verwirrend wirken.

Am sinnvollsten ist es hier, die Ganzen gleich in echte Brüche zu verwandeln und dann nach den üblichen Rechenregeln für Brüche vorzugehen, also:

2 ¾ * 1 ½ = 11/4 * 3/2 = 33/8
2 ¾ : 1 ½ = 11/4 : 3/2 = 22/12 = 11/6

Übung 304: Multipliziere folgende gemischte Zahlen!

2 ¾ * 1 ½
3 1/6 * 2 ¾
4 1/10 * 3 1/5   usw.

Übung 305: Dividiere folgende gemischte Zahlen!

2 ¾ : 1 ½
3 1/6 : 2 ¾
4 1/10 : 3 1/5   usw.

3.32 Dezimalbrüche

Dezimalbrüche sind Zehnerbrüche, Hundertstelbrüche, Tausenderbrüche, usw. In Ihnen spiegelt sich das Reich der natürlichen Zahlen wieder. An der ersten Stelle nach dem Komma stehen die Zehnerbrüche, an der zweiten Stelle die Hundertstelbrüche, an der dritten Stelle die Tausendstelbrüche usw.

Die Einteilung der Zehnerbrüche lässt sich auch in Rechteckform, Kreisform oder als Anteile einer Menge von Zehn darstellen.

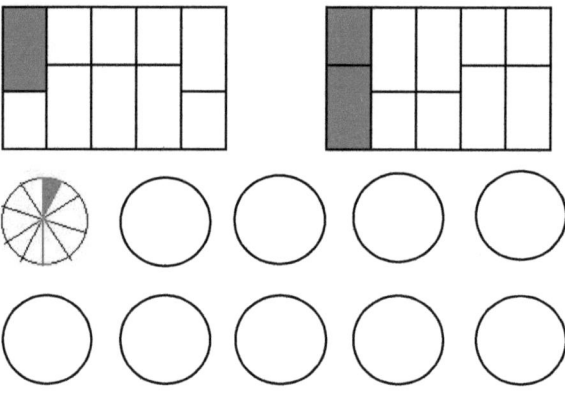

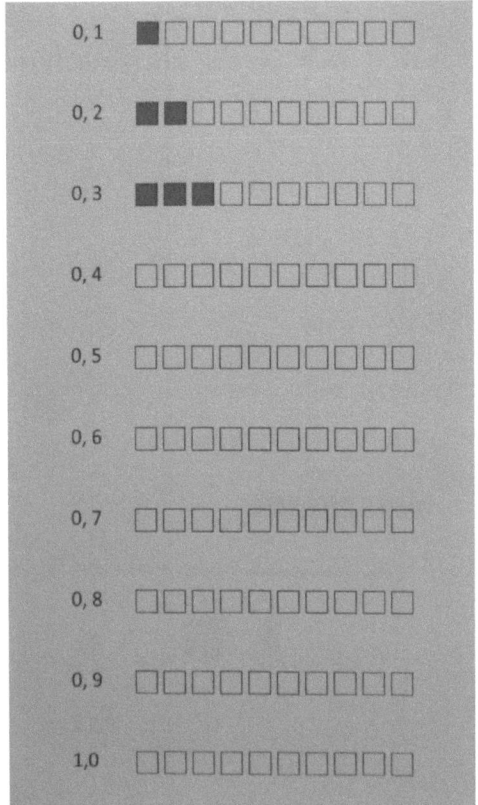

Übung 306: Zeichne die Dezimalbrüche 0,1; 0,2; 0,3; 0,4; 0,5; 0,6; 0,7; 0,8; 0,9 bis 1,0 in Kreisform!

Übung 307: Zeichne die Dezimalbrüche 0,1; 0,2; 0,3; 0,4; 0,5; 0,6; 0,7; 0,8; 0,9 bis 1,0 in Rechteckform!

Übung 308: Zeichne die Dezimalbrüche 0,1; 0,2; 0,3; 0,4; 0,5; 0,6; 0,7; 0,8; 0,9 bis 1,0 als Anteile einer Menge von zehn Elementen.

Dezimalbrüche nach der zweiten Kommastelle sind Hundertstelbrüche. Sie lassen sich auch entsprechend zeichnen.

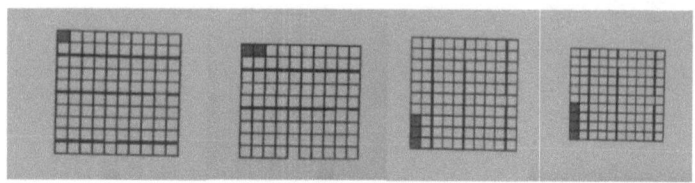

Übung 308: Zeichne Hundersteldezimalbrüche

0,01; 0,02; 0,03; 0,04; 0,05, 0,06; 0,07; 0,08; 0,09; 0,10: 0,11; 0,12; usw.

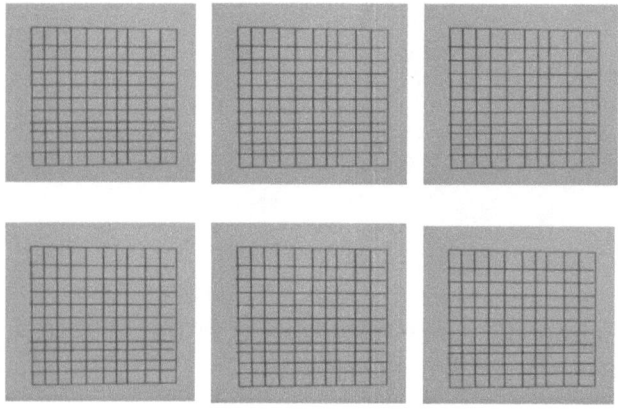

In der Kreisform ist eine Einteilung des Kreises in hundert Teile nötig.

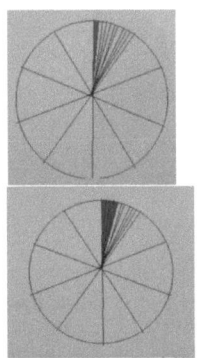
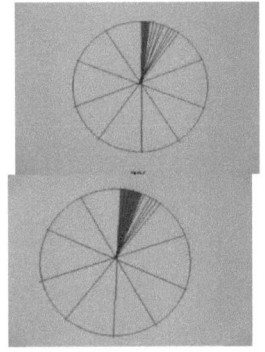
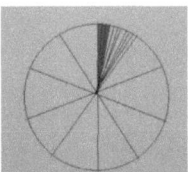

usw.

Für die dritte Stelle nach dem Komma wird in einer Tausendereinteilung benötigt. Dazu ist der Steckwürfel mit tausend Elementen gut geeignet.

Übung 309: Darstellung von Dezimalbrüchen

Stelle folgende Dezimalbrüche in irgendeiner Form mit Material oder einer bildhaften Grafik dar:

0,4
0,05

1,2
1,02
1,202
3,001
0,123
usw.

Die Rechenarten mit Dezimalbrüchen lassen sich wiederum mit Material oder Graphiken darstellen.

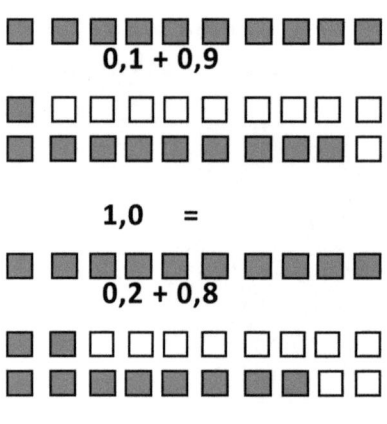

1,0 =

0,1 + 0,9

1,0 =

0,2 + 0,8

1,0 =

0,1 + 0,4 + 0,5

Übung 310: Finde weitere Additionsaufgaben, die Du – ähnlich wie oben – zeichnen kannst!
Übung 311: Stelle die folgenden Dezimalbrüche graphisch dar.

0,4

0,05

1,2

2,3

0,123

Bei der klassischen Addition werden einzelne, isolierte Dezimalbrüche zusammengezählt. Also beispielsweise 0,1 + 0,2 = 0,3. Zeichnerisch sieht das folgendermaßen aus:

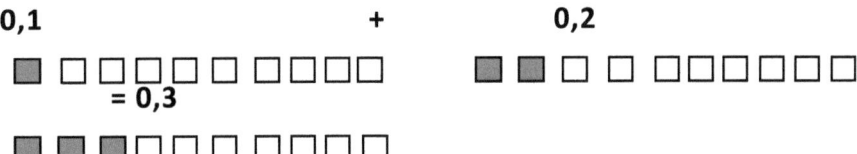

Übung 312: Nimm irgendwelche Dezimalbrüche und zähle sie – wie oben - zusammen.

z.B.

0,2 + 0.7

0,6+ 0,7

0,1 + 0,01

0,09+ 0,08

usw.

Manchmal müssen auch Dezimalbrüche erweitert oder gekürzt werden. Das geschieht dadurch, dass 0,1 auf 0,10 erweitert wird. So lässt sich die Aufgabe 0,1 + 0,02 rechnen. 0,10 + 0,02 = 0,12.

Übung 313: Verschiedene Additionsaufgaben von Dezimalbrüchen

0,1 + 0,2

0,2 + 0,3
0,3 + 0,4
0,4 + 0,5
0,5 + 0,6
0,7 + 0,8
0,8 + 0,9
0,9 + 0,1
0,01 + 0,02
0,02 + 0,03
0,03 + 0,04
0,04 + 0,05
0,05 + 0,06
0,07 + 0,08
0,08 + 0,09
0,09 + 0,01
0,1 + 0,02
0,2 + 0,03
0,3 + 0,04
0,4 + 0,05
0,5 + 0,06
usw.

Die Subtraktion von Dezimalbrüchen lässt sich folgendermaßen zeichnen.
Beispielaufgabe 0,4 = 0,5 − 0,1:

Übung 314: Zeichne folgende Subtraktionsaufgaben!

0,4 = 0,6 − 0,2
0,4 = 0,7 − 0,3

0,4 = 0,8 − 0,4
0,4 = 1,2 − 0,8
0,4 = 2,3 − 1,9
0,4 = 10,2 − 9,8
Usw.

Übung 315: Bilde weitere Subtraktionsaufgaben aus den Zahlen 0,05; 1,2; 2,3 usw.

Klassische Subtraktionsaufgaben mit Dezimalbrüchen lassen sich auch so zeichnen:

0,2-0,1=0,1

oder

1,2-0,8 = 0,4

Übung 316: Ziehe die folgenden Dezimalbrüche voneinander ab!

0,7 - 0.2
0,7 - 0,6
0,1 - 0,01
0,09 - 0,08 usw.

Die Rechenregel für Subtraktionen mit Dezimalbrüchen ist einfach. Sobald die Brüche auf die gleiche Stellen-zahl erweitert wurden, lässt sich die Subtraktion problemlos durchführen.

Beispiel: 0,1 -0,02 = 0,10-0,02= 0,08

Übung 317: Berechne folgende Subtraktionsaufgaben von Dezimalbrüchen!

0,2 - 0,1
0,3 - 0,2
0,4 - 0,3
0,5 - 0,4
0,6 - 0,5
0,7 - 0,6
0,8 - 0,7
0,9 - 0,8
0,1 - 0,02
0,2 - 0,03
0,3 - 0,04
0,4 - 0,05
0,5 - 0,06
0,7 - 0,08
0,8 - 0,09
0,9 - 0,01
0,1 - 0,002
0,2 - 0,003
0,3 - 0,004
0,4 - 0,005
0,5 - 0,006
0,7 - 0,008
0,8 - 0,009
0,9 - 0,001

0,987 – 0,876
0,987 – 0,898
0,987 – 0,899

Die Multiplikation von Dezimalbrüchen ist schwer zu veranschaulichen. Man kann sich aber vorstellen, dass beispielsweise bei der Aufgabe 0,1*0,1 der zehnte Teil von einem Zehntel genommen wird. Das ist dann der hundertste Teil.

Aufgabe: 0,1 *0,1 = 0,01

Die abstrakte Rechenregel der Multiplikation von Dezimalbrüchen ist einfach: Es wird zunächst einfach multipliziert, als wären keine Kommas da. Also bei der Aufgabe 0,1*0,1 rechnet man 1*1=1. Dann wird geschaut, wieviele Kommastellen ursprünglich vorhanden waren und setzt diese beim Ergebnis nachträglich wieder ein, also 0,01.

Übung 318: Rechne folgende Multiplikationsaufgaben!

0,2 * 0,1

0,3 * 0,2

0,4 * 0,3

0,5 * 0,4

0,6 * 0,5

0,7 * 0,6

0,8 * 0,7

0,9 * 0,8

0,1 * 0,02

0,2 * 0,03

0,3 * 0,04

0,4 * 0,05

0,5 * 0,06

0,7 * 0,08

0,8 * 0,09

0,9 * 0,01

0,1 * 0,002

0,2 * 0,003

0,3 * 0,004

0,4 * 0,005

0,5 * 0,006

0,7 * 0,008

0,8 * 0,009

0,9 * 0,001

0,12*0,9

Die Division von Dezimalbrüchen lässt sich am leichtesten bildhaft nachvollziehen, wenn sie wieder als ein „Enthalten-sein" einer kleineren Menge in einer größeren verstanden wird.

Beispiel: 0,8 : 0,2 = ? Wie oft sind zwei Zehntel in acht Zehntel enthalten. Oder wie oft geht 0,2 in 0,8.

0,2

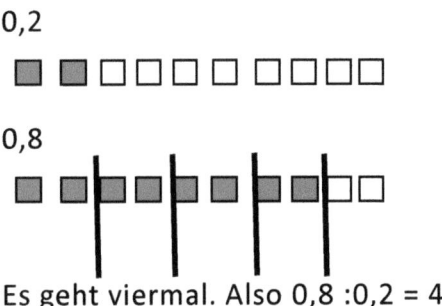

0,8

Es geht viermal. Also 0,8 :0,2 = 4

Rechnerisch werden beide Brüche auf die gleiche Stellen-zahl gebracht. Dann wird die Divisionsaufgabe so durchge-führt als wären keine Kommas vorhanden.

Also 0,8 : 0,2 = 8:2 = 4

oder

0,6 : 0,002 = 0,600 : 0,002 = 600 : 2 = 300

Übung 319: Verschiedene Divisionsaufgaben von Dezimalbrüchen.

0,2 : 0,1
0,3 : 0,2
0,4 : 0,3
0,5 : 0,4
0,6 : 0,5
0,7 : 0,6
0,8 : 0,7
0,9 : 0,8
0,1 : 0,02
0,2 : 0,03
0,3 : 0,04
0,4 : 0,05
0,5 : 0,06
0,7 : 0,08
0,8 : 0,09
0,9 : 0,01
0,1 : 0,002
0,2 : 0,003
0,3 : 0,004
0,4 : 0,005
0,5 : 0,006

Um Dezimalbrüche in echte Brüche zu verwandeln,
gilt es lediglich zu bedenken, dass es sich bei Dezimalbrüchen um Zehner, Hunderter- bzw. Tausenderbrüche handelt. Brüche mit einer Stelle hinter dem Komma sind Zehnerbrüche, Brüche mit zwei Stellen hinter dem Komma sind
Hunderterbrüche und Brüche mit drei Stellen hinter dem
Komma sind Tausenderbrüchen usw.

Beispiel: 0,1 = 1/10
0,01= 1/100
0,001=1/1000

Übung 320: Verwandle folgende Dezimalbrüche in echte Brüche!

0,1
0,2
0,3
0,4
0,5
0,6
0,7
0,8
0,9
0.10
0,11
0,12
0,13
0,14
0,15
0,001
0,002
0,003
0,004
0,005
0,012
0,12
1,2
1,123

Um echte Brüche in Dezimalbrüche zu verwandeln, gilt es zu bedenken, dass echte Brüche eigentlich Teilungen sind. Die Hälfte (½) bedeutet die Teilung eines Ganzen in zwei Teile, also 1:2. Ein Drittel bedeutet die Teilung eines Ganzen in drei Teile, also 1 : 3. Die abstrakte Rechenregel ist einfach. Es muss nur der Bruch in eine Teilungsaufgabe verwandelt werden. Dann erhält man die entsprechenden Dezimalbrüche, also

½ = 1:2 = 0,5
1/3 = 1:3 = 0, 3333...

Übung 321: Verwandle folgende echte Brüche durch Teilungsaufgaben in Dezimalbrüche!

1:3 = 0,33..
1:4 = 0,25
1:5 = 0,2
1 :6 = 0,166...
1:7 = 0,1428571.....
1:8 = 0,125
1:9 = 0,11...
1:10 = 0,1
1/11
1/12
1/13
1/14
1/15
2/3
¾
4/5

5/6

6/7

7/8

8/9

9/10

1 ½

2 2/3

3 ¾

Mehrere Dezimalbrüche werden addiert, bzw. subtrahiert, indem sie gleichnamig gemacht werden.

0,1 + 0,02 + 0,003 = 0,100 + 0,020 + 0,003 = 0,123

Übung 322: Additionsaufgaben und Subtraktionsaufgaben mit mehreren Dezimalbrüchen!

1,0 + 0,2 + 0,23 +0,234 =

1,0 - 0,2 - 0,23 - 0,234 =

2,1 + 0,3 + 0,23 +0,123 =

2,1 + 0,3 + 0,23 +0,123 =

3,7 - 1,6 - 0,23 - 0,123 =

4,1 + 0,9 + 0,08 + 0,007 =

4,1 - 0,9 - 0,08 - 0,007 =

Beim Multiplizieren und Dividieren mit mehreren Dezimalbrüchen gilt es Schritt für Schritt vorzugehen.

Beispiel 1:

0,1 * 0,02 * 0,003 = 0,002 * 0,003 = 0,000006

Beispiel 2:

0,1 * 0,02 : 0,003 = 0,002 : 0,003 = 2:3 = 0,666...

Übung323: Mehrere Dezimalbrüche malnehmen und teilen.

1,2 * 0,3 : 0,04 =
2,3 * 3,4 : 0,5 =
2,3 * 0,4 : 0,5 =
0,3 : 0,4 * 0,5 =
2,4 * 0,04 : 0,005 =

3.33 Prozentzahlen und Prozentrechnen

Prozente sind Hundertstel-Brüche. Das lateinische Wort „pro" heißt „für" und das Wort „cent" heißt „hundert". Es handelt sich also um eine Teilung einer Ganzheit in Hundertstel. Ein Prozent ist also immer der hundertste Teil einer Ganzheit. 10% sind zehn Anteile von 100. In Kreisform sieht das so aus:

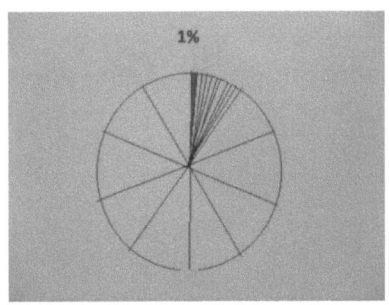 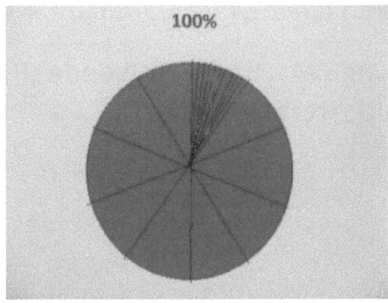

Als Anteile einer Hundertermenge können Prozente so gezeichnet werden. 1% sind dann auch so darstellbar.

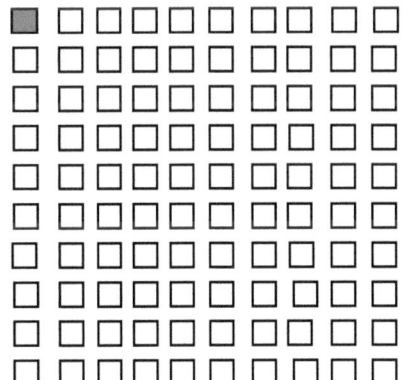

10%

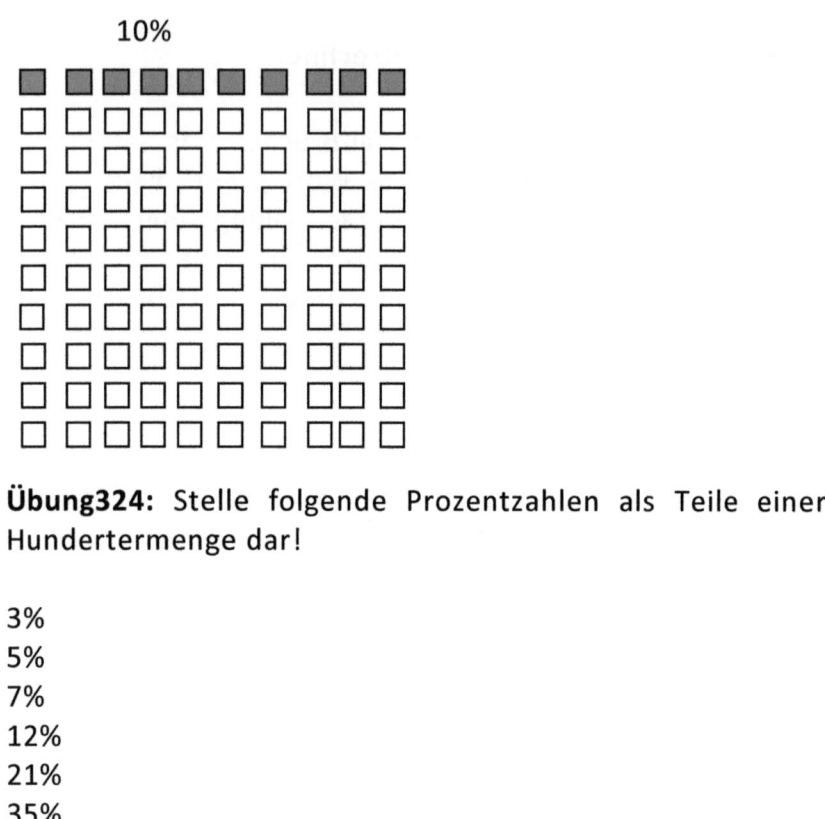

Übung324: Stelle folgende Prozentzahlen als Teile einer Hundertermenge dar!

3%
5%
7%
12%
21%
35%
51%
99%

Prozente können in echte Brüche verwandelt werden, wenn daraus Hundertstelbrüche gebildet werden, also 1% = 1/100

100% = 100/100 oder das Ganze
50 % = 50/100 oder die Hälfte
25 % = 25/100 oder ein Viertel
20 % = 20/100 oder ein Fünftel
10 % = 10 /100 oder ein Zehntel

5% = 5/100 oder ein Zwanzigstel

Graphisch lässt sich das so darstellen.

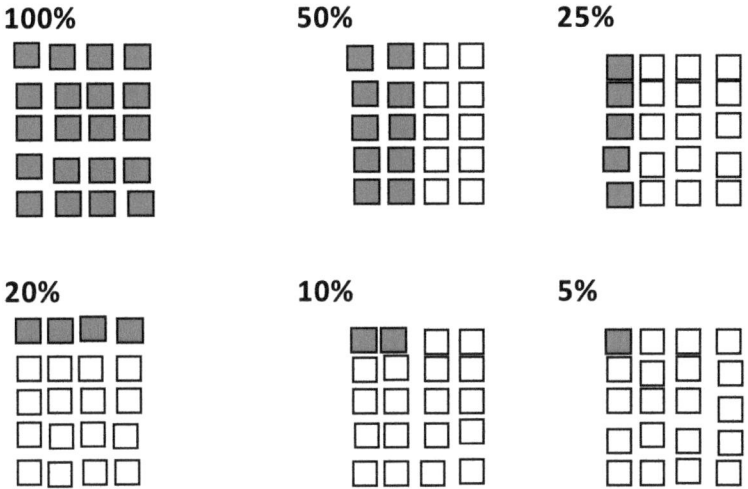

Beim Rechnen mit Prozenten wird nach dem Anteil einer Menge in Bezug auf die Ganzheit 100 gefragt.

Übung 325: Berechne folgende Prozente
    1% von 1 = 1/100 oder 0,01
    1% von 2 = 2/100 oder 1/50 oder 0,02
    1% von 3 =
    1% von 4 =
    1% von 5 =
    1% von 6 =
    1% von 7 =

1% von 8 =

1% von 9 =

1% von 10 =

usw.

Übung 326:

Berechne folgende Prozente von 10!

1% von 10 = 1/10 oder 0,1

2% von 10 = 2/10 oder 1/5 oder 0,2

3% von 10 = 3/10 oder 0,3

4% von 10 =

5% von 10 =

6% von 10 =

7% von 10 =

8% von 10 =

9% von 10 =

10% von 10 =

Übung 327:

Berechne folgende Prozente von 50!

1% von 50 = 50/100 oder 0,5

2% von 50 = 2*50/100 oder 1

3% von 50 = 3*50/100 oder 1,5

4% von 50 =

5% von 50 =

6% von 50 =

7% von 50 =

8% von 50 =

9% von 50 =

10% von 50 =

Übung 328: Berechne die Prozente in Bezug auf verschiedene Ganzheiten.

1% von 1 = 1/100 oder 0,01
2% von 2 = 4/100 oder 0,04
3% von 3 = 9/100 oder 0,09
4% von 4 =
5% von 5 =
6% von 6 =
7% von 7 =
8% von 8 =
9% von 9 =
10% von 10 =
usw.

Beim Rechnen mit Prozenten gibt es drei verschiedene Fragemöglichkeiten, welche nach folgenden Rechenregeln gelöst werden können.

Erste Möglichkeit: Prozentsatz
1 ist in Bezug auf 50 wieviel Prozent? Das ist die Frage nach dem **Prozentsatz**. Gegeben ist der Grundwert 50 und Prozentwert 1. Gesucht ist der Prozentsatz. In abstrakter Symbolsprache

Prozentsatz = Prozentwert/Grundwert

? % = 1/50 (0,02)

Antwort: 2% = 1 von 50

Zweite Möglichkeit: Prozentwert

2 % von 50 ist wieviel? Das ist die Frage nach dem **Prozentwert**. Gegeben sind der Grundwert 50 und Prozentsatz 2 %. Gesucht ist der Prozentwert

Prozentwert(Anteil)=Grundwert*Prozentsatz

? = 2% von 50 (0,02 * 50)
Antwort: 1 = 2% von 50

Dritte Möglichkeit : Grundwert

Von welcher Zahl ist „Eins" 2% Prozent? Das ist die Frage nach dem **Grundwert**. Gegeben sind der Prozentwert 1 und Prozentsatz 2 %. Gesucht ist der Grundwert.

Grundwert = Prozentwert/Prozentsatz

? = 1 : 2% (0,02)

Antwort:
50 ist die Zahl, von der die „Eins" 2 % ist.

Das Rechnen mit Prozenten ist ein anspruchsvolles Unterfangen. Je nach Fragestellung gilt es dauernd den Gesichtspunkt zu wechseln. Außerdem wird ein sicherer Umgang mit allen Formen der Brüche (echte Brüche, gemischte Zahlen, Dezimalbrüche) benötigt.

IV KAPITEL

WEITERFÜHRENDE RECHENARTEN UND ALGEBRA

MINUSZAHLEN
POTENZ – und WURZELZAHLEN
KLAMMERRECHNUNG
ALGEBRA

4. WEITERFÜHRENDE RECHENARTEN

4.1 NEGATIVE ZAHLEN (MINUSZAHLEN)

Für das bildhafte Verstehen von Minuszahlen, ist es gut, von den Begriffen Vermögen und Besitz, bzw. Schulden und Verpflichtung auszugehen. Im ersten Fall habe ich etwas zur Verfügung und kann es schenken oder ausleihen. Im zweiten Fall habe ich etwas geliehen und muss es zurückgeben.

Ein bestimmter Geldbetrag, z.B. 100 € kann ein Besitz sein. Ich habe 100 € vielleicht zu Hause im Schrank, in meinem Geldbeutel oder auf einem Konto bei der Sparkasse. Es ist aber auch möglich, dass ich einem anderen Menschen 100 € schulde. Ich habe sie nur ausgeliehen und muss es zurückgeben. In diese Fall sind die 100 € eine Verpflichtung.

Vermögen	Schulden
100 €	100 €

Wer mehr ausgibt als er zur Verfügung hat macht Schulden. Wer einen Gegenstand für 10 € kaufen will und nur 9 € hat, muss sich einen Euro leihen, den er später wieder zurückgeben muss.

Derjenige der ausleiht, hat das Geld zwar momentan nicht zur Verfügung, weil er es dem Schuldner geliehen hat. Trotzdem ist es ein Vermögen.

Ob 100 € Vermögen oder Schulden sind, hängt von der Beziehung ab, welche die beiden Beteiligten eingegangen sind.

Ausleiher	Schuldner

100 €/100 €

Übung 329: Versuche Beispiel zu beschreiben, wo es Schulden gibt!
Schulden bei einem Freund
Schulden beim Hausbau
Schulden beim Autokauf
Staatsschulden
usw.
Minuszahlen lassen sich auch als eine Art Bewegungsprozess verstehen.

10
9
8
7
6
5
4
3
2
1
0/0
-1
-2
-3
-4
-5
-6
-7
-8

Beim normalen Vorwärts-Zählen wird immer ein weiteres Element zu einem schon vorhandenen hinzugefügt. Die Anzahl wird immer größer.

Beim Rückwärtszählen wird immer ein Element weggenommen. Die Anzahl wird immer kleiner, bis schließlich Null erreicht wird. Wird jetzt weiter rückwärts gezählt, werden Minuszahlen erzeugt.

Übung 330: Abziehen über die Null hinaus!
Ziehe von der Zahl Zehn fortlaufend immer mehr ab, bis Du bei der Null ankommst und darüber hinausgehst.

$10 - 2 =$

$10 - 3 =$

$10 - 4 =$

$10 - 5 =$

$10 - 6 =$

$10 - 7 =$

$10 - 8 = 2$

$10 - 9 = 1$

$10 - 10 = 0$

$10 - 11 = -1$

$10 - 12 = -2$

$10 - 13 =$

$10 - 14 =$

$10 - 15 =$

$10 - 16 =$

$10 - 17 =$

$10 - 18 =$

Übung 331: Minuszahlen bei der Temperaturmessung
Die Temperatur messen wir mit Plus und Minuszahlen.

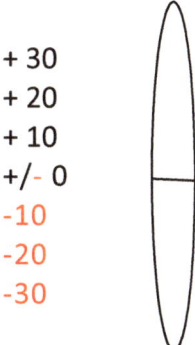

+ 30
+ 20
+ 10
+/- 0
-10
-20
-30

Beschreibe Erlebnisse im Zusammenhang mit Minustemperaturen!

Kälteste Temperatur im letzten Winter?
Kälteste Temperatur auf der Erde?
usw.

Sämtliche Rechenarten lassen sich auch mit negativen Zahlen ausführen. Es ist sinnvoll, auch für Minusaufgaben zuerst einmal eine anschauliche Sprache zu wählen.

Wer Schulden hat und etwas dazu bekommt, hat nicht mehr so viel Schulden.

Beispiel: −10 + 9 = -1.

Wer Vermögen hat und davon mehr wegnimmt als vorhanden ist, bekommt Schulden.

Beispiel: 9 – 10 = -1.

Wer schon Schulden hat und noch mehr Schulden macht, erhöht seinen Schuldenbetrag.

Beispiel: -10– 9 = -19.

Wem mehr Schulden weggenommen werden als er hat, bekommt ein Vermögen.

Beispiel: -3 – (-7) = 4.

Auch Brüche und Dezimalbrüche können Minuszahlen sein.

Übung 332: Additionen mit Minuszahlen!

- 9 + 7 =.................
- 18 + 14 =...............
- 27 + 21 =...............
- 36 + 28 =...............
- 45 + 35 =...............
- 54 + 42 =...............
- 63 + 49 =...............
- 72 + 56 =...............
- 81 + 63 =...............
- 90 + 70 =...............

Übung 333: Subtraktionen mit Minuszahlen!

- 9 - 7 =....................
- 18 - 14 =................
- 27 - 21 =...................
- 36 - 28 =..................
- 45 - 35 =...................
- 54 - 42 =...................
- 63 - 49 =..................
- 72 - 56 =...................
- 81 - 63 =..................
- 90 - 70 =...................

Übung334: Additionen mit negativen Brüchen!

- ½ + 1 = 1/2
- 1/3 + ½ = - 2/6 + 3/6 = 1/6
- ¼ + 1/3 = ...
- 1/5 + ¼ = ...
- 1/6 + 1/5= ....
- 1/7 + 1/6 = ...
- 1/8 + 1/7= ....
- 1/9 + 1/8= ....
- 1/10 + 1/9= ....

Übung 335: Subtraktionen mit negativen Brüchen!

½ - 1 = -1/2
1/3 – ½ = 2/6 – 3/6 = - 1/6
¼ - 1/3 = ...
1/5 – ¼ = ...
1/5 – ¼ = ...
1/6 – 1/5= ....
1/7 – 1/6 = ...
1/8 – 1/7= ....

1/9 – 1/8= ....

1/10 – 1/9= ....

Übung 336: Additionen mit negativen Dezimalbrüchen.

- 0,1 + 0,01 =....................

- 0,2 + 0,02 =................

- 0,3 + 0,03 =..................

- 0,4 + 0,04 =..................

- 0,5 +0,05 =..................

- 0,6 + 0,06 =..................

- 0,7 + 0,07 =..................

- 0,8 + 0,08 =..................

- 0,9 + 0,09 =..................

- 1,0 + 0,1 =..................

Übung 337: Subtraktionen mit negativen Dezimalbrüchen.

- 0,1 - 0,01 =....................

- 0,2 - 0,02 =................

- 0,3 - 0,03 =..................

- 0,4 - 0,04 =..................

- 0,5 -0,05 =..................

- 0,6 - 0,06 =..................

- 0,7 - 0,07 =..................

- 0,8 - 0,08 =..................

- 0,9 - 0,09 =..................

- 1,0 - 0,1 =..................

Schulden könne auch verdoppelt oder verdreifacht werden. Das ist der Fall bei Multiplikationen mit negativen Zahlen.

Beispiel:

2* -10 = -20 oder 3* -10 = - 30.

Vermögen lässt sich auch zwei – oder dreimal wegnehmen. Dann ist der Verlust umso höher.

Beispiel:

-2 * 12= -24 oder -3 * 12 = -36.

Wenn Schulden zwei –oder dreifach weggenommen werden ist der Gewinn umso höher. Das ist der Fall bei Aufgaben wie -2 * (- 11) = + 22 oder –3 * (-11) = 33.

Zusammengefasst heißt die Rechenregel:

+ * + = +

+ * - = -

- * + = -

- * - = +

Bei der Division lässt sich analog vorgehen. Schulden lassen sich halbieren oder dritteln. Dann sind nicht mehr so viele Schulden vorhanden.

Beispiel: - 12 : 2 = - 6

Die allgemeinen Rechenregeln sind analog.

+ : + = +

+ : - = -

- : + = -

- : - = +

Übung 338: Multiplikation mit Minuszahlen.

3 * - 7 =....................

3 * - 14 =................

3 * - 21 =.................

3 * - 28 =.................

3 * - 35 =.................

3 *- 42 =.................

3 *- 49 =.................

3 * - 56 =.................

3 * - 63 =.................

3* - 70 =.................

Übung 339: Division mit Minuszahlen.

- 7 : 7 =...................

- 14 : 7=................

- 21 : 7=.................

- 28 : 7=.................

- 35 : 7=.................

- 42 : 7=.................

- 49 : 7=.................

- 56 : 7=.................

- 63 : 7=.................

- 70 : 7=.................

Übung 340: Multiplikationen mit echten Brüchen.

1/2 * - 1/2 =...................

1/2 * - 1/3 =................

1/2 * - 1/4 =.................

1/2 * - 1/5 =.................

1/2 * - 1/6 =.................

1/2 *- 1/7 =.................

1/2 *- 1/8 =..................
1/2 * - 1/9 =..................
1/2 * - 1/10 =..................
1/2* - 1/100 =..................

Übung 341: Division mit echten Brüchen.

1/2 : - 1/2 =..................
1/2 : - 1/3 =..................
1/2 : - 1/4 =..................
1/2 : - 1/5 =..................
1/2 : - 1/6 =..................
1/2 :- 1/7 =..................
1/2 :- 1/8 =..................
1/2 : - 1/9 =..................
1/2 : - 1/10 =..................
1/2:- 1/100 =..................

Übung 342: Multiplikation mit Dezimalbrüchen.

0,1 * - 0,01 =..................
0,2 * - 0,02 =..................
0,3 * - 0,03 =..................
0,4 * - 0,04 =..................
0,5 * - 0,05 =..................
0,6 * - 0,06 =..................
0,7 * - 0,07 =..................
0,8 * - 0,08 =..................
0,9 * - 0,09 =..................
1,0 * - 0,1 =..................

Übung 343: Division mit Dezimalbrüchen.

0,1 : - 0,01 =......................

0,2 : - 0,02 =.................

0,3 : - 0,03 =...................

0,4 : - 0,04 =..................

0,5 : - 0,05 =..................

0,6 : - 0,06 =..................

0,7 : - 0,07 =..................

0,8 : - 0,08 =..................

0,9 : - 0,09 =..................

1,0 : - 0,1 =...................

4.2 POTENZ- UND WURZELZAHLEN

Potenzzahlen ergeben sich, wenn eine Zahl mit sich selbst einmal oder mehrmals multipliziert wird. Dabei lassen sich Zahlenfolgen aufstellen, aus denen die innere Bewegung dieses Prozesses deutlich wird.

Übung 344: Potenzzahlen der Zahl 2.

2	2^1
2*2 = 4	2^2
2*2*2 = 8	2^3
2*2*2*2 =	
2*2*2*2*2=	

....

....

....

....

....

....

Übung 345: Potenzzahlen der Zahl 10.

10
10*10=100
10*10*10 =
10*10*10*10 =
10*10*10*10*10 =
10*10*10*10*10*10 =

....

....

....

Übung 346: Die ersten zehn Zahlen als Quadratzahlen.

1*1 = 1 1^2

2*2 = 4 2^2

3*3 = 9 3^2

4*4 = ...

5*5 = ...

6*6 = ...

7*7 = ...

8*8 = ...

9*9 = ...

10 * 10 = ...

11*11 = ...

12 * 12 = ...

Übung 347: Die ersten zehn Zahlen als Dreierpotenzen.

1*1*1 = 1 1^3

2*2*2 = 8

3*3*3 =27   ....

4*4*4= ....

5*5*5 = ...

6*6*6 = ...

7*7*7 = ...

8*8*8= ....

9*9*9 =.......   ....

10 * 10 *10 = ...

Wurzelzahlen

Bei Wurzelzahlen wird nach einer Zahl gesucht, welche mit sich selbst malgenommen eine andere bestimmte Zahl ergibt.

Beispielsweise lautet die Frage: Welche Zahl mit sich selbst malgenommen ergibt 1? Das Ergebnis lautet: die Eins selbst.

Welche Zahl mit sich selbst malgenommen ergibt 4? Die Antwort lautet die Zahl „Zwei".

Übung 348: Quadratwurzeln bestimmter Zahlen. Setze die Reihe fort!

1 = 1*1	$\sqrt{1}$ = 1
4 = 2*2	$\sqrt{4}$ = 2
9= 3*3	$\sqrt{9}$ = 3
16 =	$\sqrt{16}$ =
25 =	$\sqrt{}$
36 =	
49 =	
64 =	
81=	
100 =	

Übung 349: Drittel Wurzeln bestimmter Zahlen. Setze die Reihe fort!

1 = 1*1*1 =	$\sqrt[3]{1}$ = 1 sprich dritte Wurzel aus 1 = 1
8= 2*2*2	$\sqrt[3]{8}$ = 2
27= 3*3*3	

....

....

....

....

....

....

....

....

Übung 350: Ansteigende Potenzen der Zahl „2". Setze die Reihe fort!

2^1 $\qquad$ = 2

2^2 $\qquad$ = 4

2^3 $\qquad$ =

2^4 $\qquad$ =

2^5 $\qquad$ =

2^6 $\qquad$ =

2^7 $\qquad$ =

2^8 $\qquad$ =

2^9 $\qquad$ =

2^{10} $\qquad$ =

Übung 351: Ansteigende Potenzen der Zahl 3. **Übung 352**: Ansteigende Potenzen der Zahl 4. **Übung 353**: Ansteigende Potenzen der Zahl 5. **Übung 354**: Ansteigende Potenzen der Zahl 6.

Übung 355: Ansteigende Potenzen der Zahl 7. **Übung 356**: Ansteigende Potenzen der Zahl 8. **Übung 357**: Ansteigende Potenzen der Zahl 9.

Übung 358: Ansteigende Quadratwurzel. Vervollständige die Reihe!

$\sqrt{1} = 1$
$\sqrt{4} = 2$
$\sqrt{9} = 3$
$\sqrt{16} = .$
$\sqrt{25} =$
$\sqrt{36} =$
$\sqrt{49} =$
$\sqrt{64} =$
$\sqrt{81} =$
$\sqrt{100} =$

Übung 359: Ansteigende dritte Wurzel. Vervollständige die Reihe!

$\sqrt[3]{1}$ = 1
$\sqrt[3]{8}$ = 2
$\sqrt[3]{27}$ = 3
$\sqrt[3]{}$
$\sqrt[3]{}$
$\sqrt[3]{}$
$\sqrt[3]{}$
$\sqrt[3]{}$
$\sqrt[3]{}$
$\sqrt[3]{1000} =$

Ein gutes Gefühl für Wurzelzahlen erhält der Lernende, wenn er versucht, Wurzelzahlen zu schätzen und dann diese Schätzungen überprüft.
Beispiel:

Gesucht ist die Quadratwurzel von der Zahl 2. Sie muss höher als 1 und kleiner als zwei sein, da 1*1 = 1 und 2*2 = 4 ist. Die erste Schätzung ist 1,5. Es zeigt sich 1,5*1,5 = 2,25. Das ist also noch zu hoch. Also wird eine etwas niedrigere Zahl probiert. 1,4 * 1,4 = 1,96. Das ist schon sehr nahe an der Zahl. Der nächste Versuch ist noch genauer. 1,41 * 1,41 = 1,9881. Dann kann 1,42 *1,42 = 2,0022 berechnet werden. Die gesuchte Zahl liegt also zwischen 1,41 und 1,42.

Übung 360: Versuche auf diese Weise die Wurzeln folgender Zahlen annähernd auf zwei Stellen genau zu bestimmen.

$\sqrt{2}$ = etwa 1,41

$\sqrt{3}$ = etwa

$\sqrt{4}$ = etwa

$\sqrt{5}$ = etwa

$\sqrt{6}$ = etwa

$\sqrt{7}$ = etwa

$\sqrt{8}$ = etwa

$\sqrt{9}$ = etwa

$\sqrt{10}$ = etwa

Übung 361: Rechne die Potenzen von ½ aus!

$½^1$ = 1/2

$1/2^2$ = 1/4

$1/2^3$ =

$1/2^4$ =

$1/2^5$ =

$1/2^6$ =

$1/2^7$ =

$1/2^8$ =
$1/2^9$ =
$1/2^{10}$ =

Übung 362: Wurzeln von Brüchen!

$\sqrt{1/4}$ =   ½
$\sqrt{1/9}$ =
$\sqrt{1/16}$
$\sqrt{1/25}$
$\sqrt{1/36}$
$\sqrt{1/49}$
$\sqrt{1/64}$
$\sqrt{1/81}$
$\sqrt{1/100}$

Übung 363: Rechne Potenzen des Dezimalbruchs 0,2 aus!

$0,2^1$ =
$0,2^2$
$0,2^3$
$0,2^4$
$0,2^5$
$0,2^6$
$0,2^7$
$0,2^8$
$0,2^9$
$0,2^{10}$

Übung 364: Rechne die Potenzen folgender Dezimalbrüche aus!

$0,1^1$ ....$0,1$

$0,2^2$ ....

$0,3^3$

$0,4^4$

$0,5^5$

$0,6^6$

$0,7^7$

$0,8^8$

$0,9^9$

Übung 365: Rechne die Wurzeln der unten stehenden Dezimalbrüche aus!

$\sqrt{0,01}$ = $0,1$

$\sqrt{0,04}$ = $0,2$

$\sqrt{0,09}$

$\sqrt{0,16}$

$\sqrt{0,25}$

$\sqrt{0,36}$

$\sqrt{0,49}$

$\sqrt{0,64}$

$\sqrt{0,81}$

Um Potenzen von Minuszahlen zu berechnen, gilt es genau auf die Vorzeichen zu achten. Wir wissen, dass + * - = - und - * - = + ergibt. Deshalb sind bei Minuszahlen alle geraden Hochzahlen + Zahlen und alle ungeraden Hochzahlen − Zahlen.

Übung 366: Rechne die Potenzen der unten stehenden Minuszahlen aus!

-2^1 = -2
-2^2 = $+4$
-2^3
-2^4
-2^5
-2^6
-2^6
-2^7
-2^8
-2^9
-2^{10}

Wurzeln aus Minuszahlen ergeben „komplexe Zahlen", die hier nicht behandelt werden.

4.3 KLAMMERRECHNUNG

Eine gute Möglichkeit, um Klammern zu verstehen, besteht darin, mit folgender Aufgabe zu experimentieren.

2+3*4-5:6 =

Erste Möglichkeit: Rechne zuerst 2+3 aus und gehe dann der Reihenfolge nach vor :

2+3*4-5:6 = 5*4-5:6 = 20 – 5= 15 :6 = 2,5

Zweite Möglichkeit: Rechne zuerst 3*4 und rechne dann denn den Rest aus.

2+3*4-5:6 = 2 + 12 -5:6 = 14 – 5= 9 :6 = 1,5...

Dritte Möglichkeit: Rechne zuerst 4-5 und rechne dann denn den Rest aus.

2+3*4-5:6 = 2 + 3 * -1:6 = 5 *-1= - 5 :6 = - 0,933...

Vierte Möglichkeit: Rechne zuerst 5:6 und rechne dann denn den Rest aus.

2+3*4-5:6 = 2 + 3 *4 –0,833.. = 5 *4 – 0,833..= 20 - 0,833..= 19,167..

Weitere Möglichkeiten lassen sich noch durch andere Kombinationen finden.

Klammern sind eine Möglichkeit die Reihenfolge der Rechnung eindeutig zu machen. Dabei gilt:
Zuerst die runden Klammern , dann die eckigen Klammern , dann die geschweiften Klammern, usw. Ansonsten gilt Punkt vor Strichrechnung; d.h. erst werden die Mal- und Teilungsaufgaben ausgeführt, danach kommen die Additions- und Subtraktionsaufgaben.
Durch die Klammerrechnung wird genau bestimmt, wie vorgegangen werden soll.

Die richtige Schreibweise für die erste Möglichkeit wäre also:
$\{[(2+3)*4] - 5\} : 6 = \{[5*4]-5\} :6 = 15:6 = 2,5$

Übung 367: Setze nun selbst die Klammern für die anderen Möglichkeiten, welche oben angegeben sind!

Zweite Möglichkeit:
....

....
Dritte Möglichkeit:
....

....

Vierte Möglichkeit:

....

....

Wenn keine Klammern da sind, muss nach der Regel „Punkt vor Strich" vorgegangen werden, also :

2+3*4-5:6 = 2+ 12- 0,833…= 14 – 0,833.. = 13,167

Übung 368: Klammern setzen
Versuche durch entsprechende Klammersetzung verschiedene Möglichkeiten der Rechnung vorzugeben.

3+4*5 - 6 : 7 =

....
....

....
....

3+4*5 - 6 : 7 =

....
....

....
....

3+4*5 - 6 : 7 =

....
....

....
....

Wenn Klammerausdrücke malgenommen werden sollen, muss jedes Glied in der ersten

Klammer mit jedem Glied der anderen Klammer multipliziert werden.

Beispiel :

(2 + 3) * (4 + 5) = 2*4 +2*5 +3*4 +3*5 = 8+10+12+15 = 45

Übung 369: Rechne folgende Klammern wie oben aus!

(3 + 4) * (5 + 6) =
....

....

(4 + 5) * (6 + 7) =
....

....

(4 - 3) * (5 + 6) =
....

....

(7 - 3) * (6 - 2) =
....

....

Übung 370: Rechne folgende Klammern wie oben aus!

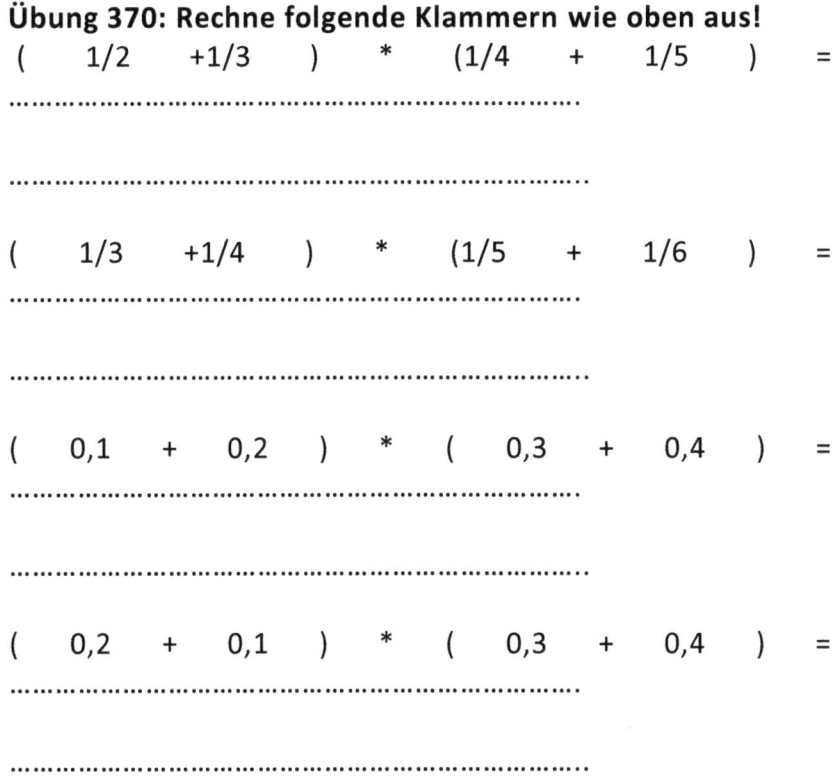

(1/2   +1/3   )   *   (1/4   +   1/5   )   =

....

....

(1/3   +1/4   )   *   (1/5   +   1/6   )   =

....

....

(0,1   +   0,2   )   *   (0,3   +   0,4   )   =

....

....

(0,2   +   0,1   )   *   (0,3   +   0,4   )   =

....

....

Wenn ein Klammerausdruck potenziert wird, bedeutet dies, dass die Klammer mit sich selbst malgenommen werden muss.

Beispiel:

$(4 + 5)^2$ =   (4 + 5)*(4 + 5) = 16+20+20+25 =81

Übung 371: Rechne folgende Klammern wie oben aus!

$(3 + 7)^2$ =

....

$(4 + 2)^2$ =

....

$(1/2+1/3^2=$

....

$(1/3+1/4)^2=$

....

$(1/2 - 1/3)^2 =$

....

Bei einer Klammer mit der Potenz drei muss die Klammer dreimal mit sich malgenommen werden, also:

$(4 + 5)^3 = (4 + 5)* (4 + 5)* (4 + 5) =$
$(16+20+20+25) * (4+5)=$
$64+80+80+100+80+100+100+125=$
 $729 (9*9*9)$

Übung 372: Rechne folgende Klammern wie oben aus!

$(2+6)^3=$

....
....
.... $(1/2+1/3=)^3$
....
....
....

$(1/2-1/3)^3 =$

....
....

Manchmal ist es vorteilhaft, einen Rechenausdruck zu verändern, indem eine Plus oder Minusaufgabe in eine Malaufgabe verwandelt wird. Dieser Vorgang heißt „Ausklammern". Besonders beim Kürzen komplizierter Brüche ist dies ein Vorteil.

Beispiel: (18 – 12) =   6*(3-2)

Übung 373: Klammere wie oben Zahlen aus!

(48–12)=   ....
(64–16)= ....
(81–27)= ....
(117–26)=
....(126–21)=

Ähnlich können auch Brüche ausgeklammert werden.

Beispiel:
(1/6+1/8) = ½*(1/3+¼)

Übung 374: Versuche wie oben eine Bruchzahl auszuklammern!
(1/6+1/9) =
.... (0,06+0,08)=
....
(0,04+0,03) =
....

4.4 ALLGEMEINE ZAHLEN - ALGEBRAZAHLEN

Allgemeine Zahlen sind „Stellvertreterzahlen"
Sie können für jede beliebige Zahl stehen.

Beispiel: Hat man irgendeine Zahl dreimal und zieht das Doppelte dieser Zahl ab, dann hat man diese Zahl nur noch einmal.

Man kann sagen 3   - 2 ▢ = 1 ▢   ▢

Für allgemeine Zahlen werden Buchstaben verwendet. Wir können für die obige Aufgabe schreiben:

3a-2a=a

Allgemeine Zahlen lassen sich zusammenzählen abziehen, malnehmen und teilen.

3 a + 2 a   = 5a
3 a - 2 a   = a
3 * 2a = 6a
9 a : 3 = 3a

Mit allgemeinen Zahlen lassen sich auch Brüche bilden und berechnen.

a/2 + a/3   = 3a/6 + 2a/6 = 5a/6
a/2 - a/3   = 3a/6 - 2a/6 = a/6
a/2 * a/3   = a/6 $^{\triangle}$
a/2 : a/3   = 3/2

Ebenso lassen sich Minuszahlen, Potenzen und Wurzeln mit allgemeinen Zahlen ausdrücken.

5a −6a   = -a
a*a   = a^2
$\sqrt{a^2}$ = a

Übung 375: Addition "Rechne folgende Aufgaben!

3a+2a=
5a+8a=
3b+2b=
13c+22c=
Übung 376: Addition "Algebraische Brüche".

Beispiel:
½a+1/3a= a/2+a/3=3a/6+2a/6=5a/6=5/6 a
¾a+1/5a= ………………………………………………….
1/3b+1/6b=……………………………………………
1/3c+1/12c ……………………………………………

Übung 377: Addition "Algebraische "Dezimalbrüche".

Beispiel:
0,5a+0,4a= 0,9a
0,6a+0,05a=………………………………………………
0,09b+0,51b=……………………………………………
0,3c+0,005c=……………………………………………….

Übung 378: Subtraktion mit Algebrazahlen.
Ganze Zahlen:

3a-2a= a
55a-8a=
13b-2b =
133c-22c=
Brüche:
½a-1/3a= 3/6a -2/6a=1/6a
¾a-1/5=
1/3b-1/6b =
1/3c-1/12c =

Dezimalbrüche:
0,5a-0,4a=.
0,6a-0,05a=
0,9b-0,51b =
0,3c-0,005c =

Es lassen sich nur gleiche allgemeine Zahlen zusammenzählen oder abziehen. An folgenden Ausdrücken kann man nichts weiter verändern oder ausrechnen.

a + 2   =
a+ ½   =
a+ 0,31   =
a+ b   =

Übung 379: Gleiche allgemeine Zahlen lassen sich zusammenzählen oder abziehen.

a + 2a +3a +b +6b + 7b + c + 8c + 9c   =
10a - 2a -3a + 20b − 6b - 7b +25c - 8c   =

a + 1/2a +1/3b +b + 1/4 b + 1/5b +c   =

a - 1/2a -1/3b + b - 1/4 b - 1/5b +c   =

a + 2a +5b −1/2a −2/3 b + 0,5 a − 0,2 b   =

Übung 380: Multiplikation mit Algebrazahlen.

Ganze Zahlen

3a*2 = 6a

55a*3=

13b *4 =

13c * 9 =

Brüche

½a*1/3=1/6a

¾a *1/5 =

1/3b*1/6 =

1/3c*1/12 =

Dezimalbrüche

0,5a * 0,4 = 0,2a

0,6a * 0,05 =

0,9b * 0,51 =

0,3c * 0,005 =

     Beim Malnehmen allgemeiner Zahlen ergeben sich Potenzzahlen.

$a*a = a^2$

$2a * 5a = 10a^2$

1/2a *1/3a =1/6 a^2
0,2a *0,3 a = 0.06 a^2
a * ab * cb = a^2 b^2 c

Übung 381: Division mit Algebrazahlen.

Ganze Zahlen:
Beispiel: 6a : 2 = 3a
55a : 5 =
91b : 13 =
126c :14 =

Brüche;
Beispiel: ½a :1/3 = a/2:1/3= 3a/2
¾a :1/5 =
1/3b :1/6 =
1/3c :1/12 =

Dezimalbrüche
Beispiel: 0,25a : 0,05 = 0,1250 a
0,60a : 0,12 =
0,93b : 0,31
0,33c : 0,011 =

Übung 382: Teilungsaufgaben als Brüche.

Beispiel: a : 2   = a/2
a : ½   =
a : 0,5=
a : b   =
Beispiel: a :a = 1
a :5a =

a : 0,2a =
a :a/2 =
a :b =

Übung 383: Gemeinsame Nenner bilden und erweitern.

Beispiel: a/2+b/3= 3a/6 + 2b/6 = 3a+2b/6

a/2-b/3=
a/2 *b/3 =
a/2 :b/3 =

Nenner sind allgemeine Zahlen:

Beispiel: 2/a + 3/b = 2b/ab+3a/ab= 2b+3a/ab
2/a - 3/b =
2/a * 3/b =
2/a : 3/b =

Zähler und Nenner sind allgemeine Zahlen:

Beispiel: a/b + c/d = ad/bd+cb/bd=ad+cb/bd

a/b - c/d =
a/b * c/d =
a/b : c/d =

Übung 384: Gemischte Aufgaben.

Beispiel:
2a/3b + 4a/5b = 2a*5/15b + 4a*3/15b =

10a +12a/15b = 22a/15b

2a/3b - 4a/5b =
2a/3b * 4a/5b =
2a/3b : 4a/5b =
3a/6b + 2c/8d =
3a/6b − 2c/8d =
3a/6b * 2c/8d =.
3a/6b : 2c/8d =

Verschiedene Potenzen einer allgemeinen Zahl lassen sich nicht addieren und subtrahieren.
Wenn die Potenzen einer allgemeinen Zahl malgenommen werden, können die Hochzahlen addiert werden, wenn sie geteilt werden sollen, können die Hochzahlen subtrahiert werden.

2^2	+	2^3	$= 4 + 8 = 12$
a^2	+	a^3	$= a * a + a * a * a$
2^3	-	2^2	$= 8 - 4 = 4$
a^3	-	a^2	$= a * a * a - a * a$
2^3	*	2^2	$= 2 * 2 * 2 * 2 * 2 = 2^5$
a^3	*	a^2	$= a * a * a * a * a = a^5$
2^3	:	2^2	$= 2 * 2 * 2 : 2 * 2 = 2$
a^3	:	a^2	$= a * a * a : a * a = a$

Übung 385: Potenzen von allgemeinen Zahlen

a^3	+	a^2	+	$a =$
a^3	+	a^2	-	$a =$
a^3	-	a^2	+	$a =$
a^3	*	a^2	*	$a =$

$$a^3 \quad : \quad a^2 \quad : \quad a =$$
$$a^3 \quad + \quad a^2 \quad + \quad a^2 =$$
$$a^3 \quad + \quad a^2 \quad - \quad a^2 =$$
$$a^3 \quad * \quad a^2 \quad * \quad a^2 =$$
$$a^3 \quad : \quad a^2 \quad : \quad a^2 =$$

Übung 386: Wurzeln von allgemeinen Zahlen

$$\sqrt{a^2} \quad + \quad \sqrt{a^2} \quad = a + a = 2a$$
$$\sqrt{a^2} \quad + \quad \sqrt{a^4} \quad =$$
$$\sqrt{a^2} \quad - \quad \sqrt{a^2} \quad =$$
$$\sqrt{a^2} \quad - \quad \sqrt{a^4} \quad =$$
$$\sqrt{a^2} \quad * \quad \sqrt{a^2} \quad =$$
$$\sqrt{a^2} \quad * \quad \sqrt{a^4} \quad =$$
$$\sqrt{a^2} \quad : \quad \sqrt{a^2} \quad =$$
$$\sqrt{a^2} \quad : \quad \sqrt{a^4} \quad =$$

Schluss:

Das Rechnen ist eng verbunden mit der **Bewusstseinsentwicklung** des Menschen. Es ist nicht nur eine Fertigkeit, die in allen Berufen gebraucht wird; auch im Alltagsleben ist sie **Basis des menschlichen Denk- und Erkenntnislebens**. Es geht weniger um einen Drill einzelner Rechenfertigkeiten, sondern um ein Erwecken von Erkenntnisinteresse in der materiellen und geistigen Welt. R. Steiner spricht sogar davon, dass die Mathematik die Vorstufe der geistigen (spirituellen) Erkenntnis sei.

Die Beherrschung funktioneller Rechengesetze und Algorithmen bedarf der Erweiterung hin zu einer wesenhaften Verbindung mit der Welt der Zahlen und Zusammenhänge. Es geht darum, sich auf die Suche zu machen nach **Geheimnissen, die im Zahlenreich verborgen** sind.

Es gilt über das isolierte, logische Funktionsdenken hinauszugehen. Deswegen habe ich in dieser Arbeit die **Ganzheitlichkeit und Anschaulichkeit beim Rechnen** so betont.

Ganzheitlichkeit gibt Sicherheit und Orientierung. So ist der Aufbau der Übungsaufgaben in dieser Arbeit auf ein **strukturelles Verständnis des ganzen Zahlenreiches** ausgerichtet.

Schwierigkeiten beim Rechnen tauchen auf, wenn der **Überblick verloren** geht und die Rechenprozesse **nicht mehr anschaulich** sind. Dann können Rechenprobleme und Rechenverdruss zu einer Art Krankheit werden. Es wird dann von **Rechenschwäche, Dyskalkulie oder Arithmaphobie** gesprochen. Diese Probleme lassen sich längerfristig nur lösen, wenn der Betreffende aus seinen Unsicherheiten, seinem Unwillen, seiner Verkrampfung und seinen Ängsten herauskommt. Sicherheit, Neugier und Freude am Rechnen kann jeder nur selbst im eigenen Inneren erwerben.

Alle Übungen, die hier entwickelt wurden, helfen nicht nur demjenigen, der bereits Rechenschwierigkeiten hat, aus seiner Misere, sondern sie wirken auch **prophylaktisch** für denjenigen, der das Rechnen neu erlernt.

Anschaulichkeit ist eine Qualität, die das Kind natürlicherweise hat. Aber auch dem Erwachsenen tut es gut abstrakte logische Beziehungen ins **Bildhafte** zu bringen. Das bringt das Rechnen näher an die Sinne und die Wirklichkeit heran. Wenn dieses Element fehlt, kann berechtigterweise der Eindruck entstehen, dass Rechnen und Mathematisieren ein kaltes, gefühlloses Unterfangen sei. Es gilt eine Verbindung zur Seele und zum Geist aufzubauen. Dazu gehört, dass Neugier und Freude am Rechnen nicht verloren gehen. Wer Spaß an einer Tätigkeit hat, dem fallen die Erkenntnisse von alleine zu.

Dazu möchte dieses Buch eine Anregung geben. In diesem Sinn hoffe ich auf ein freudvolles, neugieriges Erfassen der Zahlen- und Rechenwelt.

Literaturverzeichnis

Albert Hans: Traktat der kritischen Vernunft, Mohr Tübingen, 1969, 2.Auflage

Baravalle von Geometrie als Sprache der Formen, Verlag Freies Geistesleben Stuttgart, 1.Auflage 1957

Baravalle von Darstellende Geometrie nach dynamischer Methode, Novalis Verlag 1959

Bengt Ulin Der Lösung auf der Spur Verlag Freies Geistesleben Stuttgart 1987

Bindel Ernst Die Arithmetik, Mellinger Verlag Stuttgart 1976

Bindel Ernst Das Rechnen, Mellinger Verlag Stuttgart 1966

Bindel Ernst Die geistigen Grundlagen der Zahlen, Verlag Freies Geistesleben Stuttgart 1958
Grissemann/Weber: Grundlagen und Praxis der Dyskalkulietherapie, Verlag Hans Huber 1993

Wilhelm Kamlah, Paul Lorenzen: *Logische Propädeutik*. Bibliografisches Institut, Mannheim u. a. 1987

Milz Ingeborg Rechenschwächen erkennen und behandeln Borgmann Verlag Dortmund 1994

Popper Paul Logik der Forschung, Mohr Verlag Tübingen, 1971 4.Auflage

Paul Adam/Arnold Wyss Platonische und Archimedische Körper, ihre Sternformen und polaren Gebilde, Verlag Freies Geistesleben 1984

Steiner Rudolf Allgemeine Menschenkunde, R.Steiner Verlag Dornach, Nachdruck 1975

Steiner Rudolf Erziehungskunst Methodisch-Didaktisches, R.Steiner Verlag Dornach, Nachdruck 1975

Steiner Rudolf Die Philosophie der Freiheit R.Steiner Verlag Dornach, Nachdruck 1975

Bildnachweis:

Sämtliche Bilder und Graphiken und Fotos sind vom Autor selbst verfertigt.